江西理工大学清江学术文库

B-C-O 化合物硬质结构的
理论设计与性质研究

刘 超 陈明伟 梁彤祥 著

北 京

冶 金 工 业 出 版 社

2021

内 容 提 要

本书共 6 章，在介绍了 B-C-O 化合物研究进展的基础上详细讲述了 sp^3 杂化型四方晶系 B_2CO 超硬相、sp^3 杂化型正交晶系 B_2CO 超硬相、sp^2-sp^3 杂化共存型 B_2CO 高硬结构、富碳型金刚石等电子体化合物 B_2C_xO 超硬相、非金刚石等电子体系列 B-C-O 化合物高硬结构的计算方法、晶体结构、稳定性分析、力学性质、电学性质、热力学性质等，从而分析了结构对其性质的影响。

本书可作为高等院校应用化学、电化学、材料及相关专业的教学用书，也可供相关领域的科研和生产人员参考。

图书在版编目 (CIP) 数据

B-C-O 化合物硬质结构的理论设计与性质研究/刘超，陈明伟，梁彤祥著. —北京：冶金工业出版社，2020.3（2021.8 重印）
ISBN 978-7-5024-8436-1

Ⅰ.①B… Ⅱ.①刘… ②陈… ③梁… Ⅲ.①碳化合物—超硬材料—力学性能—研究 Ⅳ.①O613.71

中国版本图书馆 CIP 数据核字（2020）第 033658 号

出 版 人 苏长永
地 址 北京市东城区嵩祝院北巷 39 号 邮编 100009 电话 (010)64027926
网 址 www.cnmip.com.cn 电子信箱 yjcbs@cnmip.com.cn
责任编辑 王梦梦 美术编辑 吕欣童 版式设计 禹 蕊
责任校对 卿文春 责任印制 李玉山
ISBN 978-7-5024-8436-1
冶金工业出版社出版发行；各地新华书店经销；北京虎彩文化传播有限公司印刷
2020 年 3 月第 1 版，2021 年 8 月第 2 次印刷
710mm×1000mm 1/16；8.75 印张；169 千字；130 页
58.00 元
冶金工业出版社 投稿电话 (010)64027932 投稿信箱 tougao@cnmip.com.cn
冶金工业出版社营销中心 电话 (010)64044283 传真 (010)64027893
冶金工业出版社天猫旗舰店 yjgycbs.tmall.com
（本书如有印装质量问题，本社营销中心负责退换）

前　　言

　　硬质材料主要是指硬度介于 20～40GPa 的高硬材料和硬度高于 40GPa 的超硬材料。硬质材料被广泛应用于深井钻探、隧道挖掘、矿山开采、有色金属切削、玻璃切割等方面。我国幅员辽阔，矿产资源较丰富，然而受地形影响，无论是基础设施建设还是矿产资源的开采都大量依赖于高性能的硬质材料。虽然金刚石和立方氮化硼是已知最硬的两种材料，但是二者具有一定的局限性，如金刚石易与铁族元素反应，且在中等温度以及有氧气存在的条件下容易出现氧化现象；立方氮化硼具有较好的化学惰性，但存在较高各向异性，导致其韧性差、不耐冲击、易崩损等。因此，科研人员致力于设计新型硬质材料，其硬度不一定比金刚石和立方氮化硼高，但具有更好的化学惰性和更低的各向异性，以满足切削、钻孔、打磨等工业需求。理论研究具有前瞻性、高效性和周期短等优点，可以精准定位研究体系，可有针对性地指导实验合成，有效避免进行大规模样品的实验合成，节省了实验资源，因此理论设计新型硬质材料具有重大战略意义。

　　本书作者任职于江西理工大学，长期从事新型硬质材料的结构设计、性质研究等工作，参与多项国家级科研项目，发表学术论文 10 余篇，尤其在轻质元素 B-C-O 化合物硬质材料方面积累了一定的研究经验，发表的论文也得到了相关领域读者的关注和认可。本书在介绍目前 B-C-O 化合物研究进展的基础上，建立了 B-C-O 化合物硬质材料力学性质与组分、结构之间的关系，并致力于设计兼具高硬度和低各向异性的新型 B-C-O 化合物硬质结构。本书可供硬质材料研究领域的科研人员等参考。

本书内容涉及的研究项目得到国家自然科学基金（51871114）、江西省教育厅青年科学基金项目（GJJ180477 和 GJJ180433）、亚稳材料制备技术与科学国家重点实验室开放课题（201906）、江西理工大学博士启动基金（jxxjbs17053）的共同资助，在此致以诚挚的谢意。本书由江西理工大学清江学术文库资助出版，在此表示衷心的感谢。

由于作者学识水平和经验阅历所限，书中不足之处，恳请有关专家和广大读者批评指正。

作　者

2019 年 8 月

目　录

1　B-C-O化合物的研究进展 ··· 1

　1.1　概述 ·· 1

　1.2　国内外研究现状 ·· 1

　　1.2.1　实验合成B-C-O ·· 2

　　1.2.2　理论研究B-C-O ·· 6

　　1.2.3　理论研究新进展 ·· 8

　1.3　本章小结 ·· 9

　参考文献 ·· 9

2　sp³ 杂化型四方晶系 B₂CO 超硬相 ································· 12

　2.1　概述 ··· 12

　2.2　计算方法 ·· 13

　　2.2.1　模型 ·· 13

　　2.2.2　参数 ·· 13

　2.3　晶体结构 ·· 13

　2.4　稳定性分析 ·· 15

　　2.4.1　弹性力学稳定性 ·· 15

　　2.4.2　动力学稳定性 ·· 15

　　2.4.3　热力学稳定性 ·· 17

　2.5　力学性质 ·· 18

　　2.5.1　状态方程 ·· 18

　　2.5.2　维氏硬度 ·· 19

　　2.5.3　应力应变 ·· 20

　2.6　电学性质 ·· 21

　　2.6.1　室压电学性质 ·· 21

　　2.6.2　压力对电学性质的影响 ·· 23

　　2.6.3　电子转移和成键分析 ·· 24

　2.7　热力学性质 ·· 25

　　　2.7.1　热力学性质介绍 ……………………………………… 25
　　　2.7.2　热力学能量值 …………………………………………… 26
　　　2.7.3　热容 ……………………………………………………… 27
　　2.8　本章小结 ………………………………………………………… 28
　　参考文献 …………………………………………………………………… 28

3　sp³杂化型正交晶系 B₂CO 超硬相 …………………………………… 33
　　3.1　概述 ……………………………………………………………… 33
　　3.2　计算方法 ………………………………………………………… 34
　　　3.2.1　模型 ………………………………………………………… 34
　　　3.2.2　参数 ………………………………………………………… 34
　　3.3　晶体结构 ………………………………………………………… 35
　　3.4　稳定性分析 ……………………………………………………… 37
　　　3.4.1　弹性力学稳定性 …………………………………………… 37
　　　3.4.2　动力学稳定性 ……………………………………………… 39
　　　3.4.3　热力学稳定性 ……………………………………………… 39
　　3.5　力学性质 ………………………………………………………… 42
　　　3.5.1　状态方程 …………………………………………………… 42
　　　3.5.2　维氏硬度 …………………………………………………… 43
　　　3.5.3　应力应变 …………………………………………………… 43
　　3.6　电学性质 ………………………………………………………… 45
　　　3.6.1　室压电学性质 ……………………………………………… 45
　　　3.6.2　压力对电学性质影响 ……………………………………… 48
　　3.7　热力学性质 ……………………………………………………… 52
　　　3.7.1　零点振动能 ………………………………………………… 52
　　　3.7.2　热力学物理量 ……………………………………………… 53
　　　3.7.3　热容 ………………………………………………………… 54
　　　3.7.4　德拜温度 …………………………………………………… 55
　　3.8　本章小结 ………………………………………………………… 55
　　参考文献 …………………………………………………………………… 56

4　sp²-sp³杂化共存型 B₂CO 高硬结构 ……………………………… 60
　　4.1　概述 ……………………………………………………………… 60
　　4.2　计算方法 ………………………………………………………… 62

4.3 晶体结构 ·· 62
4.4 稳定性分析 ·· 64
  4.4.1 热力学稳定性 ······································ 64
  4.4.2 弹性力学稳定性 ···································· 66
  4.4.3 动力学稳定性 ······································ 66
4.5 结构演化 ·· 67
4.6 电学性质 ·· 69
  4.6.1 常压电学性质 ······································ 69
  4.6.2 高压对电学性质的影响 ······························ 71
4.7 力学性质 ·· 73
  4.7.1 力学模量 ·· 73
  4.7.2 各向异性 ·· 74
  4.7.3 应力应变 ·· 75
4.8 热力学性质 ·· 77
  4.8.1 零点振动能 ·· 77
  4.8.2 热力学物理量 ······································ 78
  4.8.3 热容和德拜温度 ···································· 79
4.9 本章小结 ·· 80
参考文献 ·· 81

5 富碳型金刚石等电子体化合物 B_2C_xO 超硬相 ·············· 84

5.1 概述 ·· 84
5.2 计算方法 ·· 85
  5.2.1 模型 ·· 85
  5.2.2 参数 ·· 85
5.3 优化结构 ·· 86
5.4 稳定性分析 ·· 87
  5.4.1 弹性力学稳定性 ···································· 87
  5.4.2 动力学稳定性 ······································ 88
  5.4.3 热力学稳定性 ······································ 89
5.5 力学性质 ·· 89
  5.5.1 状态方程 ·· 89
  5.5.2 力学模量 ·· 90
  5.5.3 各向异性 ·· 91
  5.5.4 应力应变 ·· 94

5.6　电学性质 ··· 96
　　5.6.1　常压电学性质 ··· 96
　　5.6.2　高压对电学性质的影响 ································· 98
5.7　热力学性质 ·· 100
　　5.7.1　零点振动能 ·· 100
　　5.7.2　热力学物理量 ··· 100
　　5.7.3　热容和德拜温度 ·· 102
5.8　本章小结 ··· 103
参考文献 ·· 103

6　非金刚石等电子体系列 B-C-O 化合物高硬结构 ··············· 107
6.1　概述 ·· 107
6.2　计算方法 ·· 108
6.3　优化结构 ·· 108
6.4　稳定性分析 ·· 110
　　6.4.1　弹性力学稳定性 ·· 110
　　6.4.2　动力学稳定性 ··· 111
　　6.4.3　热力学稳定性 ··· 111
6.5　力学性质 ·· 114
　　6.5.1　状态方程 ··· 114
　　6.5.2　力学模量与硬度 ·· 114
　　6.5.3　应力应变 ··· 115
　　6.5.4　各向异性 ··· 116
6.6　电学性质 ·· 120
　　6.6.1　常压下电学性质 ·· 120
　　6.6.2　导电性分析 ·· 120
　　6.6.3　高压对电学性质的影响 ································· 123
6.7　热力学性质 ·· 123
　　6.7.1　零点振动能 ·· 123
　　6.7.2　热力学物理量 ··· 124
　　6.7.3　热容与德拜温度 ·· 124
6.8　本章小结 ··· 126
参考文献 ·· 127

1 B-C-O化合物的研究进展

1.1 概述

硬质材料主要指硬度为 20~40GPa 的高硬材料以及硬度高于 40GPa 的超硬材料。硬质材料[1]在基础科学研究和工业技术应用方面具有重要的价值，使用硬质材料制造的各类刀具、磨具、钻头等工具被广泛应用于切削、打磨、钻探等工业领域，如在有色金属切削加工、深井钻探、隧道挖掘、矿山开采等方面扮演着举足轻重的角色。我国幅员辽阔、资源丰富，然而受我国多山地丘陵等地形影响，无论是基础设施建设（如全国中长期高铁线路规划"八纵八横"沿线隧道的挖掘）还是矿山的深井钻探与矿产资源的开采，抑或是有色金属的切削加工等都高度依赖于高性能的硬质材料。硬质材料及制品工业作为朝阳工业，在国内外得到迅速发展，全世界硬质材料产业规模约 6000 亿元，其中我国硬质材料及制品产业规模估计 1000 亿元[2]。现阶段工业上使用的硬质材料超过95%来自人工合成，因此设计与合成新型硬质材料具有重大的战略意义和广阔的市场前景。

作为最重要的两种硬质材料，金刚石单晶硬度高，但热稳定性不够理想，当温度高于 700℃ 时，金刚石在空气中易氧化，并且易与铁族元素反应[3]；立方氮化硼 cBN 具有较好的热稳定性，不与铁族元素发生化学反应，但 cBN 单晶各向异性较高，易发生解理破损。为了提高硬质材料的韧性，研究人员采用聚晶等方法制备近乎各向同性的聚晶复合材料如聚晶 cBN[4]，但导致材料的硬度存在一定程度降低。为此，设计研发兼具高硬度、低各向异性的新型硬质材料单晶是科学界和产业界长期的共同目标[5]。

1.2 国内外研究现状

众所周知，由轻元素（B、C、N 和 O）组成的强共价键化合物，具有轻质超硬等特点，如 BCN[6]、BC_2N[7,8]、BC_4N[7]、B_6O[9] 和 BC_5[10] 等化合物。由于已合成的 B-C-N 超硬材料[7,11,12]具有的超硬性质主要来源于形成的 sp^3 杂化 B/C—C/N 共价键。科研人员结合理论研究和实验检测发现 B 和 O 也能形成强的 sp^3 杂化 B—O 共价键[13,14]。鉴于 O 和 N 同周期，而且有原子半径相近、化学活性强等特点，因而当 O 原子替换 N 原子后，形成的B-C-O化合物也是一类潜在的硬质材料。相较于其他硬质物质而言，O 的引入将有效避免并解决B-C-O化合物合成过程中原料吸附氧以及工业应用中表面氧化等问题。

20 世纪 50 年代，科研人员通过高温高压的合成方法，首次合成出金刚石[15]和立方氮化硼[16]。自此，极端条件下的合成为那些传统技术下难以合成和无法合成的材料合成与制备开辟了新路径。人们为开发高性能的硬质材料开展了大量的研究：这些材料在某些应用领域（如高温应用或铁族元素合金加工）有着超越金刚石的物理化学特性。许多研究强调了具有高度共价键的四面体配位化合物，特别是B-C-N体系中的类金刚石材料。相反，富硼材料的结构基于 α-B，如 B_4C、B_6O、B_6P，虽然被归类为硬质材料[9,17~20]，但基于富硼材料的高温高压合成未被广泛研究，因此科研人员尝试用富硼物质作为原料之一合成B-C-O化合物。

1.2.1　实验合成B-C-O

20 世纪末期，Garvie 和 Hubert 等人根据非晶硼（B）、氧化硼（B_2O_3）、石墨（C）三种反应物的不同配比，采用 Walker 型多顶砧装置在高压条件下合成出若干非化学计量比B-C-O固体。如控制非晶硼（B）、氧化硼（B_2O_3）和石墨（C）三种原料物质的量之比为 16：3：4，在 5GPa/1700℃条件下得到 $B_6C_{1.1}O_{0.33}$，当压力升高到 7.5GPa 时得到 $B_6C_{1.28}O_{0.31}$[21,22]。随后 Bolotina 等人以等摩尔比的碳化硼（B_4C）和氧化硼（B_2O_3）为反应物，在 5.5GPa/1400℃条件下，经 1h 热压实验制备出 $B(C, O)_{0.155}$[23]。

X 射线研究表明，合成的非化学计量比B-C-O化合物都是一类具有与 α-菱形硼（α-B，空间群 $R\overline{3}m$）结构相似的富硼物质（见图 1-1 和表 1-1），其也为富硼结构 B_4C 和 B_6O 的固溶体。SEM 观测发现合成样品微观形貌上具有与 B_6O 等富硼物质一样的二十面体晶体形态（见图 1-2）。全面的结构解析揭示合成的非化学计量比B-C-O化合物晶胞结构与 α-B 相似，结构如图 1-3（a）所示：晶体结构中硼原子富聚成 B_{12} 二十面体笼型、C—O 成原子链（存在一定程度的原子空位），笼与笼之间通过原子链连接。

1.2.1.1　富硼体系劣势

化合物如 B_4C、B_6O、B_6N、$B_{12}P_2$、$B_{12}As_2$ 等都是典型的富硼体系物质，其结构本质为三维笼型二十面体和一维直线型原子链的连接构成典型的笼-链型结构。然而笼/链的结构单元维度不同，原子排列方式各异，力学性质也不同[24,25]，导致富硼化合物的晶体结构具有较高的各向异性[24]。受高各向异性的影响，富硼化合物在切削、研磨等加工过程中易受力引起劈裂、滑移等现象，导致结构失效，从而影响实际应用[26,27]，尤其是 cBN 单晶。

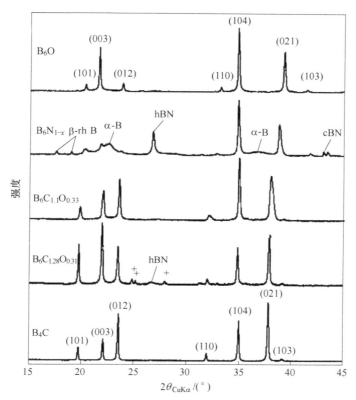

图 1-1 高压合成 B_6O、B_6N_{1-x}、$B_6C_{1.1}O_{0.33}$、$B_6C_{1.28}O_{0.31}$ 样品的 X 射线图[22]

表 1-1 实验合成 B-C-O 化合物的六方晶系晶胞参数和制备条件[21~23]

	$a/Å$	$c/Å$	c/a	$V/Å^3$	P/GPa	$T/℃$	起始反应物
$B_6C_{1.1}O_{0.33}$	5.570	12.117	2.175	325.5	5	1700	$16B+3B_2O_3+2C$
$B_6C_{1.28}O_{0.31}$	5.582	12.135	2.174	327.5	7.5	1700	$16B+3B_2O_3+4C$
$B(C,O)_{0.155}$	5.618	12.122	2.158	331.38	5.5	1127	$B_4C+B_2O_3$

注：1Å = 0.1nm。

(a)

(b)

图 1-2 $B_6C_{1.28}O_{0.31}$(a) 和 B_6O(b) 扫描电镜图[22]

早在 2008 年，Shivakumar 和 Martin 就展开了各向异性的详细研究[28]，建立了各向异性与力学模量之间的关系并提出了通用各向异性指数公式。根据各向异性指数公式，笔者给出了超硬材料金刚石、cBN 等的通用各向异性指数 Au 计算值，见表 1-2。表 1-2 还列出了若干富硼材料如 α-B、B_6O、碳化硼 polar 模型的 Au 值。不难发现，cBN 比金刚石的各向异性程度大很多，这与实验上 cBN 易结构失效相符。如表所示，富硼材料的笼-链型结构导致其均具有显著的各向异性，因此合成超硬 B_2CO 化合物中应避免出现富硼体系的笼-链型结构。为此，合成超硬B-C-O化合物时应尽力避免出现富硼体系的笼-链型结构。

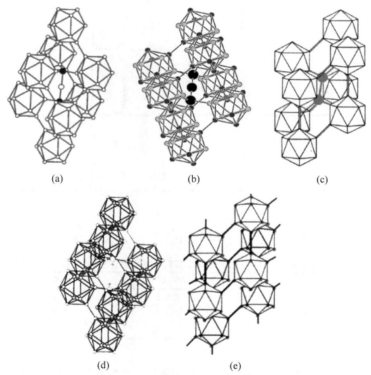

(a)   (b)   (c)

(d)   (e)

图 1-3 笼-链型结构示意图

(a) $B(C, O)_{0.155}$; (b) $B_{12}C_3$; (c) $B_{12}P_2$; (d) B_6O; (e) α-B

表 1-2 各向异性指数 Au 数据

物相	各向异性指数 Au	物相	各向异性指数 Au
金刚石	0.043	α-B	0.172
cBN	0.162	B_6O	0.213
蓝丝黛尔石	0.082	B_4C	0.211
⋮	⋮	⋮	⋮

同时，富硼体系碳化硼为三原子链，$B_{12}P_2$ 为双原子链，B_6O 为单原子链，而 α-B 为相邻二十面体上原子成链（可视为零原子链），结构如图 1-3（b）～（e）所示。由于笼-链型结构中链的复杂性、链原子的空位等缺陷易导致富硼体系非计量比，如碳化硼，碳含量在 8% ～ 20%[29] 范围波动，氧和氮的富硼化合物随着链原子的缺陷导致化学式实为 B_6O_{1-x} 和 B_6N_{1-x}，其中 $x ≤ 1$。这也正是富硼体系物质容易非化学计量比的原因。

1.2.1.2　富硼原因

实验合成化学计量比的 B-C-O 化合物，同时避免出现高各向异性的富硼体系笼-链型结构是合成 B-C-O 化合物亟待解决的难题。反应物中硼源过剩（按原子百分比统计，前期热压合成实验的反应物中硼元素含量高达 60%～78.26%，相应反应物配比分别为 $B_4C+B_2O_3$[23] 和 $16B+2C+B_2O_3$[21]），整个密闭空间反应体系富硼，导致化合物中 B 局域富聚形成笼而 C、O 则形成具有空位等缺陷的原子链，产物具有典型的富硼化合物结构（二十面体笼型+原子链）。

极端条件（如超高压）下的合成为实现传统方法中无法或难以合成的材料开辟了新的合成途径。一般而言，高压有利于物质结构向原子配位数增高、结构致密化、密度增大的方向转变，例如 α-B 在超高压条件下 B_{12} 二十面体笼破碎并转变为 α-Ga 型 B[30]。受当时热压设备条件的限制，如采用的压力最高不超过 7.5GPa，温度不超过 1700℃，较低的压力在空间上不足以抑制二十面体笼的形成，同时有限的温度亦无法提供反应体系充足的能量进行结构相变，导致 B-C-O 化合物形成由笼-链型非致密结构构成的富硼体系固溶体。

基于前人热压实验的结果，分析可知：在物料配比、合成温度等条件一致的情况下，随着压力升高，(C,O) 成分在合成样品中的原子量占比提升。如 5GPa 样品中，(C,O) 原子含量为 13.46%，而压力升高到 7.5GPa 时，(C，O) 含量为 20.95%[21,22]。这也与同类型热压实验结果吻合，如采用 B 和 B_2O_3 为原料，室压下合成产物为 $B_6O_{0.77}$，与理论化学式 B_6O 差别明显，而 5.5GPa 压力时，合成产物为 $B_6O_{0.95}$，与理论化学式非常接近[21,22]。综上可知，高压有利于物质成分趋向于理论化学式对应成分，说明高压技术也是保障化学计量比的一种重要途径。

1.2.1.3　解决富硼方案

只有在控制合成物质的晶体结构不产生富硼体系结构时，才能保证合成物质的化学计量比，并避免出现由于富硼体系的笼-链型晶体结构引起的高各向异性。基于压力对材料结构和成分的影响以及硼含量对产物影响的分析，笔者认为：有效控制各反应物配比（源头预防 B 过剩形成富硼结构），合成实验上提供充足的超高压（抑制笼型结构的生存空间），能充分抑制富硼化及硼原子富聚成笼，促使形成化学计量比的B-C-O化合物非笼-链型结构。

前期科研人员尝试合成B-C-O化合物，由于实验上化学计量比B-C-O化合物的合成尚未突破，B-C-O化合物存在的结构和具体的性能无从谈起，而性能是决定该类化合物实际应用的风向标。B-C-O化合物理论研究的先行性和指导性显得尤为重要，科研工作者为此开展了大量的理论研究。

1.2.2　理论研究B-C-O

对于B-C-O化合物的理论研究离不开新结构的研究。在新结构的预测方面，国内外学者开展了大量研究并取得了显著的成就，尤其是我国著名学者吉林大学马琰铭教授团队开发的 CALYPSO（Crystal structure AnaLYsis by Particle Swarm Optimization）[31~34] 和美籍俄罗斯人 Andriy O. Lyakhov 团队开发的 USPEX（Universal Structure Predictor：Evolutionary Xtallography）[35~37]。这些结构预测程序克服了使用传统方法中遇到的成功率低和计算成本高的缺点，成功地实现了对于任意给定温度、压强条件下，无须实验数据等经验参数，仅从材料化学成分组成进行晶体结构预测的功能。这些结构预测程序在零维材料（团簇、小分子等构型）、一维材料（纳米管、纳米棒、链状分子等构型）、二维材料（表面、界面、石墨烯等片层构型）、三维材料（晶体结构等）等各方面都取得了显著的成就。

1.2.2.1　金刚石等电子体化合物 B_2CO

2011 年李印威等人以具有与金刚石等电子体的最简配比B-C-O化合物 B_2CO 为例，通过结构预测程序 CALYPSO 搜索产生结构并结合第一性原理研究结构的稳定性（如弹性力学稳定性和动力学稳定性）筛选稳定构型，最后基于弹性力学矩阵的研究分析并提出两种超硬的 B_2CO 结构（tP4-B_2CO 和 tI16-B_2CO，硬度达 50GPa）。同时作者认为 B_2CO 化合物趋向于形成具有 sp^3 杂化 B—C/O 共价键的四方晶系结构[38]。在对B-C-O三元化合物体系展望时，李印威指出与金刚石等电子体的B-C-O化合物如 B_2C_xO、C 含量的增加会导致出现更多 sp^3 杂化的 C—C 共价键，强键能 sp^3 杂化 C—C 共价键增多会导致其硬度升高。

随后闫海燕等人提出一种新型 B_2CO 结构（oI16），该结构兼有 sp^2 和 sp^3 两种杂化类型的 B—C/O 共价键，结构中存在贯穿型通道而非三维空间致密网络状结构导致 oI16-B_2CO 非超硬[39]。此外，乔等人还详细研究了压力对 B_2CO 化合物结构和性质的影响[40]。该研究揭示了超硬 B_2CO 化合物在高压下的结构演变规律，探讨了压力对于结构力学性质的影响。

1.2.2.2 富碳型金刚石等电子体化合物 B_2C_xO

2015年张美光等人在研究富 C 的金刚石等电子体 B-C-O 化合物 B_2C_xO（$x \geqslant 1$）时，通过结构预测程序 CALYPSO 对变组分的 B_2C_xO（$x \geqslant 1$）化合物进行结构预测。结合密度泛函理论（Density Functional Theory，简称 DFT）与软件 VASP，基于全面的力学模量各向异性分析以及应力-应变关系的模拟研究，设计出三种新型 B-C-O 超硬相（$I4_1/amd$-B_2C_2O、$I\overline{4}m2$-B_2C_3O 和 $P\overline{4}m2$-B_2C_5O，理论维氏硬度分别为 57GPa、62GPa 和 68GPa）[41]。研究发现，随着 C 含量的增加，同类结构中 sp³ 杂化的 C—C 共价键增多，体系的硬度提高，这也印证了李印威等人的推测。

1.2.2.3 非金刚石等电子体化合物 B-C-O

2016年王胜男等人在研究其他化学计量比 B-C-O 化合物时预测了一种四方晶系的"超硬" B_4CO_4[42]，如图 1-4（a）所示。B_4CO_4 结构的力学和电学性质等被 Nuruzzaman 等人进一步发掘并报道[43]，然而考虑到 B_4CO_4 结构中存在较大的贯穿型通道，郑等人从力学模量的各向异性出发，模拟 B_4CO_4 结构不同方向上的应力-应变关系（见图 1-4（b）），详细阐明了 B_4CO_4 结构的非超硬性[44]。

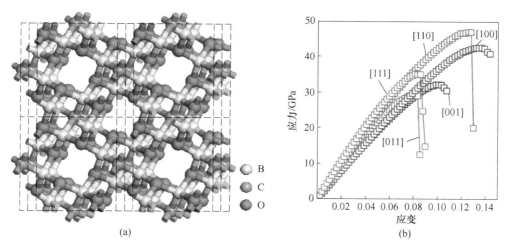

图 1-4　B_4CO_4 的结构示意图（a）和应力-应变关系（b）[44]

此外，通过研究王胜男等人还提出了空间群 P1 的 $B_6C_2O_5$ 和空间群 C2/m 的 B_2CO_2 的两种 B-C-O 化合物[42]，乔丽萍等人详细研究了二者的结构、力学性质、电学性质以及压力对其性质的影响[45]。

1.2.3 理论研究新进展

晶体结构与B-C-O化合物超硬相的物理性质尤其是力学性质的内在关联尚不明晰，限制着超硬B-C-O化合物的理论设计。然而所有预测的B-C-O化合物超硬相都是四方晶系结构，有限的晶体结构种类不足以支撑有关晶体结构对其力学性质影响的研究。为了丰富B-C-O化合物超硬相的结构来源，作者首先以是否存在具有其他晶系结构的B-C-O化合物超硬相为出发点进行研究，通过正交晶系的B_2CO超硬相（oP8-B_2CO）的提出说明在其他晶系中可能存在B-C-O化合物超硬相[46]。电荷差分密度（见图1-5（a））和电子分波态密度（partial density of state，简称pDOS，见图1-5（b））的理论研究揭示了oP8-B_2CO的超硬属性来源于强键能的sp^3杂化形成的B—C/O共价键在三维空间形成致密网络状结构。而这与田永君院士等人基于硬度的微观理论模型提出的有关超硬材料设计思路吻合。

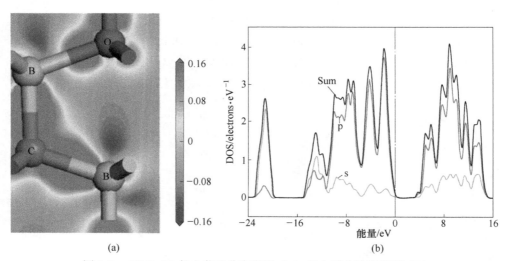

图1-5 oP8-B_2CO的电荷差分密度图（a）和电子分波态密度（b）

正交晶系B_2CO超硬相的提出丰富了B-C-O化合物超硬相体系，促进了有关晶体结构对B-C-O化合物物理性质影响机理的研究。同时对比发现已有超硬B-C-O化合物结构与碳的同素异形体（金刚石、蓝丝黛尔石）结构相似，笔者以碳的其他致密网络状同素异形体为基体，结合空间群对称性、群论等相关知识手动构建B_2CO模型，经研究发现了两种超硬B_2CO结构（oP16-B_2CO、oC16-B_2CO）[47]。力学模量及其各向异性的研究也揭示了超硬B_2CO结构具有较低的各向异性、较高的力学模量等优良的力学综合性质。同时受到闫等人sp^2-sp^3杂化共存型B_2CO研究成果的启发，深入研究并发掘出新型低能量、高力学性质的

tP16-B$_2$CO[48]，基于第一性原理研究揭示了结构的微观断裂机理。

1.3 本章小结

经过十多年的发展，人们通过高温高压实验制备了若干B-C-O材料，也基于理论研究预测了部分B-C-O化合物的结构和力学、电学等性质。先前的研究既丰富了B-C-O材料的体系和性质，也说明B-C-O化合物成分对其性质具有调节作用。然而，到目前为止，B-C-O化合物的结构设计和物理性质理论研究有待完善，结构对B-C-O化合物的物理性质尤其是力学、热学和电学等性质的影响机制尚不明晰。在未来，新型B-C-O化合物的结构设计和性质研究，将揭示该系列化合物性质的具体影响机理，同时为实现B-C-O化合物材料的功能化和器件化奠定基础。

参 考 文 献

[1] 孙兆达，李志宏，温淑英. 2017上半年超硬材料行业运行及进出口市场统计简析 [J]. 磨料磨具通讯，2017，37：1-11.

[2] 刘银娟，贺端威，王培，等. 复合超硬材料的高压合成与研究 [J]. 物理学报，2017，66：201-219.

[3] 王继明. 浅谈超硬材料刀具在机械加工中的应用 [J]. 科学技术创新，2014：67-68.

[4] 吕智，谢志刚，林峰，等. 超硬材料行业技术发展现状与展望 [J]. 超硬材料工程，2017，29：47-51.

[5] 邹文俊. 中国超硬材料与制品的发展与思考 [J]. 超硬材料工程，2016，28：45-49.

[6] Yang D P, Li Y A, Yang X X, et al. Chemical synthesis and characterization of flaky h-BCN at high pressure and high temperature [J]. Chin. Phys. Lett. , 2007, 24：1088-1091.

[7] Zhao Y, He D W, Daemen L L, et al. Superhard B-C-N materials synthesized in nanostructured bulks [J]. J. Mater. Res. , 2002, 17：3139-3145.

[8] Solozhenko V L. Synthesis of Novel Superhard Phases in the B-C-N System [J]. High Pressure Res. , 2002, 22：519-524.

[9] Kurakevych O O, Solozhenko V L. Experimental study and critical review of structural, thermodynamic and mechanical properties of superhard refractory boron suboxide B$_6$O [J]. J. Superhard Mater. , 2011, 33：421-428.

[10] Calandra M, Mauri F. High-Tc superconductivity in superhard diamondlike BC$_5$ [J]. Phys. Rev. Lett. , 2008, 101：016401.

[11] Khabashesku V N, Filonenko V P, Davydov V A. Method for preparation of new superhard BCN material and material made therefrom [P]. Google Patents, 2013.

[12] 王俊莉，刘福生，包兴明，等. B-C-N化合物新相的冲击波合成 [J]. 高压物理学报，2014，28：29-34.

[13] Li Q, Chen W J, Xia Y, et al. Superhard phases of B_2O: An isoelectronic compound of diamond [J]. Diam. Relat. Mater., 2011, 20: 501-504.

[14] Villars P, Cenzual K, Daams J, et al. B_2O, structure types. part 6: space groups (166) $R\bar{3}m$ - (160) R3m [M]. Springer Berlin Heidelberg, Berlin, Heidelberg, 2008.

[15] Bundy F, Hall H T, Strong H, et al. Man-made diamonds [J]. Nature, 1955, 176: 51-55.

[16] Wentorf R H. Cubic form of boron nitride [J]. J. Chem. Phys., 1957, 26 (4): 956.

[17] Ridgway R R. Boron carbide a new crystalline abrasive and wear-resisting product [J]. Transactions Electrochem. Soc., 1934, 66: 117-133.

[18] Matkovich V I. Boron and refractory borides [M]. Springer-Verlag Berlin Heidelberg, 1977: 1-665.

[19] Kurakevych O O, Solozhenko V L. High-pressure route to superhard boron-rich solids [J]. High Pressure Res., 2011, 31: 48-52.

[20] Veprek S, Zhang R F, Argon A S. Mechanical properties and hardness of boron and boron-rich solids [J]. J. Superhard Mater., 2011, 33: 409-420.

[21] Garvie L A J, Hubert H, Petuskey W T, et al. High-pressure, high-temperature syntheses in the B-C-N-O system [J]. J. Solid State Chem., 1997, 133: 365-371.

[22] Hubert H, Garvie L A J, Devouard B, et al. High-Pressure, high-temperature syntheses of super-hard α-rhombohedral boron-rich solids in the BCNO [C]. Mat. Res. Soc. Symp. Proc, 1998, 499: 315-320.

[23] Bolotina N B, Dyuzheva T I, Bendeliani N A. Atomic structure of boron suboxycarbide B (C, O)$_{0.155}$ [J]. Crystallogr. Rep., 2001, 46: 734-740.

[24] Werheit H, Kuhlmann U, Lundström T. On the insertion of carbon atoms in B_{12} icosahedra and the structural anisotropy of β-rhombohedral boron and boron carbide [J]. J. Alloys Compd., 1994, 204: 197-208.

[25] Fan Q Y, Wei Q, Chai C C, et al. Structural, anisotropic and thermodynamic properties of boron carbide: First principles calculations [J]. Indian J. Pure Appl. Phys., 2016, 54: 227-235.

[26] Zhao S, Kad B, Remington B A, et al. Directional amorphization of boron carbide subjected to laser shock compression [J]. Proc. Natl. Acad. Sci., 2016, 113: 12088-12093.

[27] An Q, Goddard W A, Cheng T. Atomistic explanation of shear-induced amorphous band formation in boron carbide [J]. Phys. Rev. Lett., 2014, 113: 095501.

[28] Ranganathan S I, Ostoja-Starzewski M. Universal elastic anisotropy index [J]. Phys. Rev. Lett., 2008, 101: 055504.

[29] Saal J E, Shang S, Liu Z K. The structural evolution of boron carbide via ab initio calculations [J]. Appl. Phys. Lett., 2007, 91: 231915.

[30] Oganov A R, Chen J, Gatti C, et al. Ionic high-pressure form of elemental boron [J]. Nature, 2009, 457: 863-867.

[31] Gao B, Gao P Y, Lu S H, et al. Interface structure prediction via CALYPSO method [J]. Sci.

Bull. , 2019, 64: 301-309.

[32] Wang Y C, Lv J A, Zhu L, et al. Crystal structure prediction via particle-swarm optimization [J]. Phys. Rev. B, 2010, 82: 094116.

[33] Wang Y C, Lv J, Zhu L, et al. CALYPSO: A method for crystal structure prediction [J]. Comput. Phys. Commun. , 2012, 183: 2063-2070.

[34] Wang H, Wang Y C, Lv J, et al. CALYPSO structure prediction method and its wide application [J]. Comput. Mater. Sci. , 2016, 112: 406-415.

[35] Lyakhov A O, Oganov A R, Stokes H T, et al. New developments in evolutionary structure prediction algorithm USPEX [J]. Comput. Phys. Commun. , 2013, 184: 1172-1182.

[36] Oganov A R, Lyakhov A O, Valle M. How evolutionary crystal structure prediction works and why [J]. Acc. Chem. Res. , 2011, 44: 227-237.

[37] Oganov A R, Glass C W. Crystal structure prediction using ab initio evolutionary techniques: Principles and applications [J]. J. Chem. Phys. , 2006, 124: 244704.

[38] Li Y, Li Q, Ma Y. B_2CO: A potential superhard material in the B-C-O system [J].EPL (Europhysics Letters), 2011, 95: 66006.

[39] Yan H Y, Zhang M G, Wei Q, et al. A new orthorhombic ground-state phase and mechanical strengths of ternary B_2CO compound [J]. Chem. Phys. Lett. , 2018, 701: 86-92.

[40] Qiao L, Jin Z, Yan G, et al. Density-functional-studying of oP8 - , tI16 - , and tP4 - B_2CO physical properties under pressure [J]. J. Solid State Chem. , 2019, 270: 642-650.

[41] Zhang M, Yan H, Zheng B, et al. Influences of carbon concentration on crystal structures and ideal strengths of B_2C_xO compounds in the BCO system [J]. Sci. Rep. , 2015, 5: 15481.

[42] Wang S, Oganov A R, Qian G, et al. Novel superhard B-C-O phases predicted from first principles [J]. Phys. Chem. Chem. Phys. , 2016, 18: 1859-1863.

[43] Nuruzzaman M, Alam M A, Shah M A H, et al. Investigation of thermodynamic stability, mechanical and electronic properties of superhard tetragonal B_4CO_4 compound: ab initio calculations [J]. Comput. Condens. Mat. , 2017, 12: 1-8.

[44] Zheng B, Zhang M, Wang C. Exploring the mechanical anisotropy and ideal strengths of tetragonal B_4CO_4 [J]. Materials, 2017, 10: 128.

[45] Qiao L P, Jin Z. Two B-C-O compounds: structural, mechanical anisotropy and electronic properties under pressure [J]. Materials, 2017, 10: 1413.

[46] Liu C, Zhao Z S, Luo K, et al. Superhard orthorhombic phase of B_2CO compound [J].Diam. Relat. Mater. , 2017, 73: 87-92.

[47] Liu C, Chen M W, He J L, et al. Superhard B_2CO phases derived from carbon allotropes [J]. RSC Adv. , 2017, 7: 52192-52199.

[48] Chen M, Liu C, Liu M, et al. Exploring the electronic, mechanical, and anisotropy properties of novel tetragonal B_2CO phase [J]. J. Mater. Res. , 2019, 34: 3617-3626.

2 sp³杂化型四方晶系 B₂CO 超硬相

2.1 概述

超硬材料的理论设计与实验合成在基础科学和技术应用中具有重要的科学意义[1]。虽然金刚石是目前自然界已知的最硬物质,测量硬度在 $60 \sim 120\text{GPa}$ [2],但是它在有氧气存在的情况下不稳定(在大于 700℃ 的温度下容易氧化),且容易与含铁材料反应。人们致力于努力寻找新的超硬材料,它们不一定比金刚石更硬,但具有更高的热稳定性和化学惰性。一般而言,有两类材料是超硬材料的潜在候选材料:(1)由轻元素(B、C、N 和 O)组成的强共价化合物[3~7];(2)部分共价的重过渡金属硼化物、碳化物、氮化物和氧化物[8~12]。自成功合成人造金刚石[13]和 c-BN[3]以来,人们在第一类潜在超硬材料的研究上投入了大量精力。实验合成了超硬 BC_2N[14~18]、B_6O[19] 和 BC_5[20]。特别令人感兴趣的是合成的三元超硬材料 BC_2N,是目前已知的第二硬材料维氏硬度为 76GPa,仅次于金刚石。致密的三元 B-C-N 体系因此引起了人们的广泛关注。

在大量文献调研过程中,李印威等人发现实验人员也在高压高温下合成了几种 B-C-O 材料,如成分为 $B_6C_{1.1}O_{0.33} \sim B_6C_{1.28}O_{0.31}$[21,22] 和 $B(C, O)_{0.1555}$[23] 的晶体。研究表明,超硬 B-C-N 化合物可以形成典型的强 sp³ 杂化共价键,包括 B—C、B—N、C—N 和 C—C。李印威等人发现在类金刚石超硬 B_2O[24]中,B 和 O 也可以形成强的 sp³ 共价键 B—O。因此,当 O 元素替换 N 元素形成 B-C-O 化合物时,结构中也可能存在强 sp³ 杂化共价键,B-C-O 化合物也是超硬材料的良好候选材料。鉴于三元 B-C-O 化合物的化学计量比众多,导致其化合物体系太多,基于 B、C 和 O 的核外电子排布分别为 $1S^2 2S^2 2P^1$、$1S^2 2S^2 2P^2$ 和 $1S^2 2S^2 2P^4$,李印威等人从理论上提出,B_2CO 是 B-C-O 化合物体系中具有与金刚石等电子体的最简配比三元化合物。李印威等人以最具代表性的 B_2CO 为例,通过结构预测软件提出了两种具有四方晶系的 B_2CO 超硬相,其硬度均超过 50GPa。

在本章中,以具有与金刚石等电子体的最简配比三元化合物 B_2CO 为例,通过结构预测软件和第一性原理重现了两种四方晶系 B_2CO 超硬相的研究,并进一步丰富了其力学、电学等性质的理论研究。

2.2　计算方法

2.2.1　模型

基于粒子群优化算法[25,26]来实现结构搜索的软件 CALYPSO 是目前主流的物质结构预测研究方法之一，它已经在结构预测方面取得了巨大的成就[27~29]。该方法基于自由能表面的全局最小化，通过粒子群优化（Particle Swarm Optimization，简称 PSO）技术从头计算总能量，从而预测在给定的外部条件（例如压力）下具有最低自由能的结构，而不需要预先假设晶胞的大小、形状和原子位置。以 B-C-O 化合物的定比化学式 B_2CO 为例，在常压下进行变胞结构搜索。

2.2.2　参数

常压下搜索并产生的结构在 CASTEP 程序[30,31]中基于密度泛函理论进行筛选。筛选工作主要结构优化和稳定性分析等挑选出可能稳定存在的结构。交换关联式采用局域密度近似（Local Density Approximation，简称为 LDA）的 Ceperley-Alder-Perdew-Zunger 泛函（简称 CA-PZ）[32,33]。模守恒赝势（Norm-Conserving Pseudopotentials，简称为 NCPP）[34,35]被用来描述 B、C 和 O 的核外电子结构。本小节采用一种能快速获取低能量状态的算法（Broyden-Fletcher-Goldfarb-Shanno 最小化算法，简称 BFGS）[36,37]来优化指定压力下的结构。整个计算过程中为了保证体系总能量的收敛精度达到 1meV，平面波截断能设置为 550eV，布里渊区 Brilliouin zone 采样网格采用 $2\pi \times 0.04 Å^{-1}$ 来划分[38]。在结构优化的过程中能量、力和位移的收敛标准必须达到默认的超高精度：每原子能量波动小于 $5 \times 10^{-6} eV$、原子受力小于 0.01eV/Å、晶胞应力小于 0.02GPa 和原子位移小于 5×10^{-4} Å。

计算结构的弹性参数过程中最大应变设置为 0.003，应变共 9 步。为了检验优化后结构的动力学稳定性，结构的声子散射频率的计算是采用线性响应方法[39~41]并在 CASTEP 程序中执行的。这里采用固定应变方法来模拟拉伸强度[42~45]，也即在选定的方向上逐步施加固定应变，优化结构直到应力张量小于 0.02GPa。优化过程中，其他的结构参数（即其余两个晶格参数和三个角度）是完全不受限制的。随后就会获得一系列的应力值，这些应力值可以用来评估拉伸强度。

2.3　晶体结构

众所周知，大多数超硬材料是在高压下合成的，因为压力可以有效地降低形成势垒。因此，在 B_2CO 晶体结构的预测研究中加入了外部压力。可变晶胞模拟在 0 和 100GPa 下进行，每个模拟晶胞使用 1~6 倍 B$_2$CO 分子式（formula units，简称为 f. u. ）。在这两种压力下，复现了两个能量非常有竞争力的类金刚石结构，即 tP4-B$_2$CO 和 tI16-B$_2$CO。两者空间群分别为 P$\bar{4}$m2(1f. u. /cell) 和 I$\bar{4}$2d(4f. u. /cell)，tP4-B$_2$CO 和 tI16-B$_2$CO 的具体结构分别如图 2-1（a）和图 2-1（b）所示，图中黑色实线构成的立体图形表示晶胞，而虚线构成的立体图形表示类金刚石的晶格。tP4-B$_2$CO 晶族为 $\bar{4}$m2，整个 tP4-B$_2$CO 结构上关于 $a=0.5$ 呈面对称的。而 tI16-B$_2$CO 晶族为 $\bar{4}$2m，整个结构关于体心对称。

　　tP4-B$_2$CO 的结构与 t-B$_2$CN[46]相同，结构中的 B 原子占据四个对角线位置，O 原子占据体心位置，C 原子位于结构的所有顶点位置。而 tI16-B$_2$CO 结构中 O 原子位于结构的顶点位置、体心位置和两组相对表面一半的中心位置。不同的原子占据位置情况导致原子层的不同堆积，在 tP4-B$_2$CO 结构呈现 CBOBC⋯原子层堆积方式，而在 tI16-B$_2$CO 则是存在 C 与 O 原子共占一层，CO 原子共层被 B 原子层分隔开。有趣的是，这两种结构都采用了相同的 sp^3 成键环境：每个 B 都与两个 C 和两个 O 原子成 sp^3 杂化键，而 C 和 O 原子都与四个 B 原子成 sp^3 杂化键，在晶格中只形成 B—C 和 B—O。环境压力下的总能量计算表明，tI16-B$_2$CO 比 tP4-B$_2$CO 更具有能量优势[47]，约为 43meV/f. u. 。

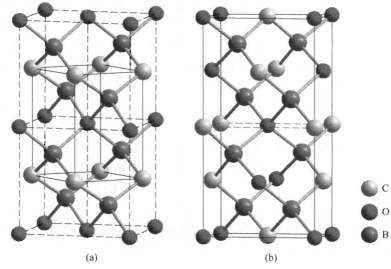

　　　　　　　(a)　　　　　　　　　　　　(b)

图 2-1　tP4-B$_2$CO（a）和 tI16-B$_2$CO（b）的结构模型图

　　tP4-B$_2$CO 和 tI16-B$_2$CO 在常压下的详细结构信息见表 2-1。经过比较不难发现优化的 tP4-B$_2$CO 和 tI16-B$_2$CO 结构与李印威等人报道一致[47]，两者都具有密度低、质量轻的特点。

表 2-1 tP4-B₂CO 和 tI16-B₂CO 两种结构在常压下的相关信息

结构类型	空间群	晶格参数 a/Å	晶格参数 c/Å	密度 ρ/g·cm⁻³	原子 Wyckoff 坐标 (x, y, z)
tP4-B₂CO	$P\bar{4}m2$	2.617	3.613	3.332	B (0, 0.5, 0.231)；C (0, 0, 0)；O (0.5, 0.5, 0.5)
tI16-B₂CO	$I\bar{4}2d$	3.660	7.375	3.337	B (0.25, 0.733, 0.875)；C (0.5, 0, 0.25)；O (0, 0.5, 0.25)

2.4 稳定性分析

2.4.1 弹性力学稳定性

tP4-B₂CO 和 tI16-B₂CO 两者结构的弹性力学稳定性可通过分析独立弹性常数来判断，见表 2-2。表 2-2 中列出了常压下计算所得 tP4-B₂CO 和 tI16-B₂CO 的独立弹性常数，可以看出，计算的 C_{ij} 与李印威等人报道值非常接近[47]。

表 2-2 tP4-B₂CO 和 tI16-B₂CO 的独立弹性常数

结构类型	C_{11}	C_{33}	C_{44}	C_{66}	C_{12}	C_{13}
tP4-B₂CO	735.0	596.1	247.2	262.6	39.5	142.6
tI16-B₂CO	598.8	640.4	318.9	295.3	170.2	134.3

对于 tP4-B₂CO 和 tI16-B₂CO，由于两者的 Laue Class（劳厄类）都属于 4/mmm，因此两者的弹性力学稳定性[48,49]可通过式（2-1）校验。

$$C_{44} > 0, \ C_{66} > 0, \ C_{11} > |C_{12}|, \ (C_{11} + C_{12})C_{33} > 2C_{13}^2 \tag{2-1}$$

2.4.2 动力学稳定性

在固体物理学的概念中，结晶态固体中的原子按一定的规律排列在晶格上。在晶体中，原子间有相互作用，原子并非是静止的，它们总是围绕着其平衡位置在做持续振动。此外这些原子又通过原子间的相互作用力而联系在一起，即它们各自的振动不是彼此独立的。原子之间的相互作用力一般可以很好地近似为弹性力，这种振动在理论上可以认为是一系列基本的振动（即简正振动）的叠加。每一种简正振动模式实际上就是一种具有特定的频率 ν、波长 λ 和一定传播方向的弹性波，整个系统也就相当于由一系列相互独立的谐振子构成。在经典理论中，这些谐振子的能量是连续的，但按照量子力学，它们的能量则必须是量子化的，这种量子化的弹性波的最小单位即为声子，它是晶格振动的简正模能量量子。如果在声子散射图谱中出现频率为负值的格波，则表明该结构原子不在平衡位置，结构不稳定。

tP4-B₂CO 和 tI16-B₂CO 两者结构的动力学稳定性可通过分析声子散射图谱来判断，如图 2-2 所示。毫无疑问，独立弹性常数满足稳定性判据，同时整个声子散射谱和声子态密度都佐证声子振动中没有虚频存在，表明 tP4 - B₂CO 和

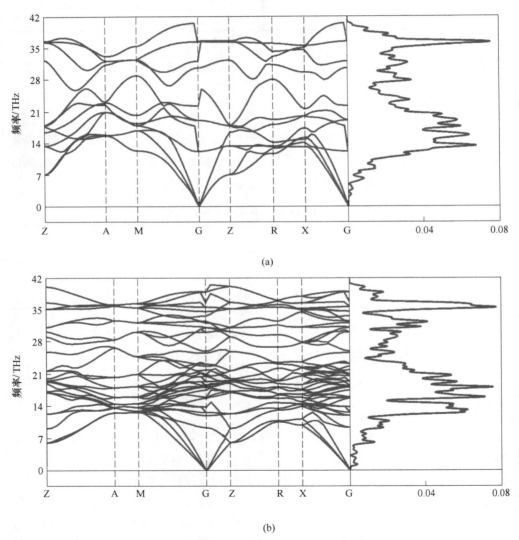

图 2-2　常压下 tP4-B₂CO（a）和 tI16-B₂CO（b）布里渊区声子图谱

tI16-B$_2$CO均满足弹性力学稳定性和动力学稳定性。此外观察发现，tP4-B$_2$CO 和 tI16-B$_2$CO 均有相近的最高声子振动频率，约 40THz。其实振动频率受化学键的强度影响，这就表明两种四方晶系 B$_2$CO 结构均具有较强的化学键。

2.4.3 热力学稳定性

为了将来的实验合成，这里有必要探究 tP4-B$_2$CO 和 tI16-B$_2$CO 结构的热力学稳定性。本小节以潜在路径的分离相相较于 tP4-B$_2$CO 和 tI16-B$_2$CO 的合成来研究其形成焓 ΔH_f 随压力变化的关系（见式（2-2））。第一种路径，以类金刚石结构 B$_2$O（I4$_1$/amd-B$_2$O[24,50,51]）和金刚石为反应物；第二种以硼、碳、氧单质，如 α-B[52,53]、金刚石 C 和 α-O$_2$[54] 作反应物，具体形成焓结果如图 2-3 所示。

$$\Delta H_{f1} = H_{B_2C_xO} - 2H_{B_2O} - xH_C ; \quad \Delta H_{f2} = H_{B_2C_xO} - 2H_B - xH_C - \frac{1}{2}H_{O_2} \quad (2\text{-}2)$$

如图 2-3 所示，对比相同路径下两者的能量发现 tI16-B$_2$CO 具有最低的形成焓，比 tP4-B$_2$CO 低 11meV/原子，这与李印威的研究结果相近[47]。常压下，无论哪种形式的形成焓 ΔH_f 均为负值，表明 tP4-B$_2$CO 和 tI16-B$_2$CO 常压下从能量方面考虑是可以稳定存在的。随后研究了不同压力下 tP4-B$_2$CO 和 tI16-B$_2$CO 形成焓的变化情况。如图 2-3 所示，随着压力的升高，两种 B$_2$CO 物相的 ΔH_f 均进一步降低，这也表明 tP4-B$_2$CO 和 tI16-B$_2$CO 可能通过这种路径在加压的条件下合成。此外两者 ΔH_{f2} 均比 ΔH_{f1} 要更低，这也表明单质做反应物对应的合成路径更具有优势。

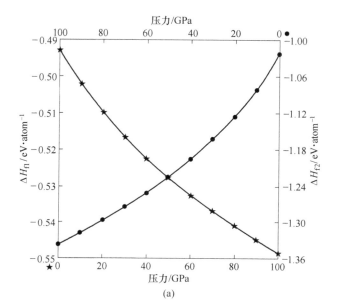

(a)

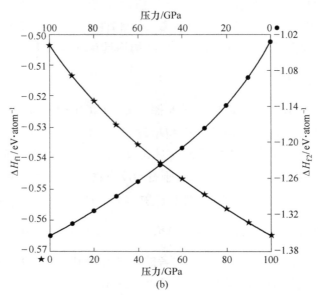

图 2-3　tP4-B₂CO（a）和 tI16-B₂CO（b）形成焓与压力之间的关系

2.5　力学性质

2.5.1　状态方程

　　为了验证有关独立弹性常数 C_{ij} 的计算准确性，同时研究 tP4-B₂CO 和 tI16-B₂CO 在压力作用下体积变化情况等，计算了两种 B₂CO 结构在 0~100GPa 范围内（间隔 10GPa 取样）的体积-压力值。然后通过三阶状态方程（Birth-Murnaghan Equation of State，简称 BM-EOS）[55~57] 对这 11 组数据进行拟合，结果如图 2-4 所示。

$$P(V) = 1.5 B_0 \left[(V/V_0)^{-7/3} - (V/V_0)^{-5/3} \right] \left\{ 1 + 0.75(B'_0 - 4) \left[(V/V_0)^{-2/3} - 1 \right] \right\}$$
$$(2-3)$$

式中，V_0 和 V 分别为每分子式 B₂CO 在常压下和给定压力下的体积值；B_0 为常压下体系在平衡状态时的体积模量；B'_0 为体积模量 B_0 的一阶压力偏导。通过式（2-3）对体积-压力数据进行拟合，拟合得到的基态时每分子式化合物对应的体积 V_0，体积模量 B_0 和其对压力的一阶偏导 B'_0 见表 2-3。

表 2-3　tP4-B₂CO 和 tI16-B₂CO 的 B、G、B_0、V_0 和 B'_0

结构类型	B/GPa	G/GPa	B_0/GPa	V_0/A³·(f.u.)⁻¹	B'_0
tP4-B₂CO	301.6	264.8	306.0	24.73	3.62
tI16-B₂CO	301.7	276.6	304.2	24.70	3.66

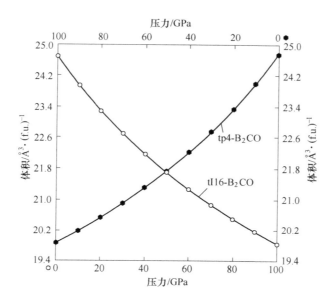

图 2-4 tP4-B$_2$CO 和 tI16-B$_2$CO 的体积随压力变化曲线图

(几何图案和实线分别代表计算值和拟合结果)

表 2-3 中同时给出了两种四方晶系结构 B$_2$CO 基于独立弹性常数计算得到的体积模量和剪切模量值。对比拟合得到的和独立弹性常数计算得到的两个体积模量值，可以验证计算的精准性。随着压力增加，所有相的体积均减小。当压力高达 100GPa 时，相比于常压下的体积，它们具有非常接近的体积压缩率，最大的为 tI16-B$_2$CO（19.775%），最小的为 tP4-B$_2$CO（19.757%）。较低的体积压缩率表明这两种结构具有较好的抗压缩性，也意味着 tP4-B$_2$CO 和 tI16-B$_2$CO 具有较高的体积模量。

2.5.2 维氏硬度

接下来采用微观硬度理论的键阻模型[58,59]来计算 tP4-B$_2$CO 和 tI16-B$_2$CO 的维氏硬度，具体见式（2-4）。

$$\mathrm{HV} = 350 N_e^{2/3} e^{1.191} f_i d^{-2.5} \qquad (2\text{-}4)$$

式中，N_e 为价电子密度；f_i 为 B—C/O 键的菲利普（Phillips）离子性，能够通过式（2-5）计算得到；d 为键长。

根据原子的化学键合情况及其配位环境[60]，tP4-B$_2$CO 和 tI16-B$_2$CO 结构中 B、C、O 原子均为 4 配位环境，因此这里的 P_c 取 0.75。

$$f_i = \left[1 - \exp(-|P_c - P|/P) \right]^{0.735} \tag{2-5}$$

计算得 tP4-B₂CO 和 tI16-B₂CO 的硬度值与李印威[47]和张美光[61]等人的结果一致（见表 2-4）。所有的 B₂CO 硬度都超过 40GPa，都是超硬材料。随着 C 含量的增加，B-C-O 化合物中将会出现更多的 sp³ C-C 共价键，B-C-O 化合物的力学性质将更加接近于金刚石[61]。因此在 B-C-O 三元体系中可能存在其他的 B₂CₓO（$x \geq 2$）超硬相。B-C-O 体系化合物可能作为超硬材料在工业中发挥巨大的作用。

表 2-4　常压下 tP4-B₂CO 和 tI16-B₂CO 结构的原胞体积 $V(\text{Å}^3)$ 及键的参数

结构类型	V	μ	$d^\mu/\text{Å}$	n^μ	N_e^μ	f_i^μ	HV^μ/GPa	HV/GPa	$HV^{\text{ref}}/\text{GPa}$
tP4-B₂CO	24.734	B—C	1.551	4	0.612	0.180	67.97	49.24	50 [47]
		B—O	1.631	4	0.677	0.673	35.67		51 [61]
tI16-B₂CO	49.395	B—C	1.553	8	0.609	0.173	68.10	49.56	50 [47]
		B—O	1.626	8	0.682	0.673	36.07		

注：μ 为键型，d^μ（Å）为键长，n^μ 为键数，HV 为维氏硬度。

2.5.3　应力应变

这里还采用了一种广泛使用的方法来研究结构变形和拉伸强度等[42~45,62]，那就是通过对固体材料施加特定应变的方法来得到对应应力值，继而得到应力-应变关系。材料的理想强度，也就是应力-应变关系中应力的上限值。通过研究材料的应力-应变关系以及键断裂过程有利于从原子层面了解材料的变形乃至失效机理。选取了四方晶系的 [１００] 和 [００１] 作为主晶轴，计算了常压下两种不同结构 B₂CO 沿着主晶轴在特定应变下的应力值，并绘制了它们的应力-应变关系图，如图 2-5 所示。

不难发现，tP4-B₂CO 和 tI16-B₂CO 这两个四方结构的 B₂CO 沿 [００１] 方向的拉伸强度（分别为 130GPa 和 148GPa）都远大于其沿 [１００] 方向的拉伸强度（分别为 64GPa 和 113GPa），同时 tP4-B₂CO 和 tI16-B₂CO 在沿着 [１００] 方向以及 [００１] 方向的最大应变相近，分别约为 0.25 和 0.42。当 tP4-B₂CO 和 tI16-B₂CO 结构的 [１００] 方向应变超过 0.27 或 [００１] 方向的应变超过 0.42 时，两个结构均完全断裂并失效。

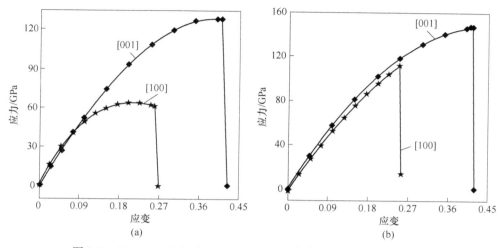

图 2-5　tP4-B$_2$CO（a）和 tI16-B$_2$CO（b）在常压下的应力-应变曲线

2.6　电学性质

2.6.1　室压电学性质

首先基于局域密度近似下的 CA-PZ 交换关联泛函计算 tP4-B$_2$CO 和 tI16-B$_2$CO 的电子能带结构和态密度等电学性质。常压下两种四方晶系超硬相在第一布里渊区选定高对称路径的能带结构如图 2-6 所示。由于各自价带最高点（valence band maximum，简称 VBM）和导带最低点（conduction band minimum，简称 VBM）不处于同一高对称点路径上，因此 tP4-B$_2$CO 和 tI16-B$_2$CO 都是间接带隙的半导体，两者带隙分别为 1.658eV 和 2.896eV，这与李印威等人报道的理论值 1.7eV 和 3.1eV 接近。同样组分的 B$_2$CO 结构且都属于超硬相，键的种类也相同，带隙的差异可能是结构的对称性和原子排列堆积方式不同导致的。可调节带隙宽度预示着 B$_2$CO 在半导体工业中有着潜在的应用市场。

鉴于交换关联泛函如 CA-PZ 常常低估带隙[63]，因此也采用 Heyd-Scuseria-Ernzerhof 06 杂化泛函（简称 HSE06）[64]来计算 tP4-B$_2$CO 和 tI16-B$_2$CO 在常压的电子能带结构，以期获得二者更精确的电学性质。从 Hartree-Fock 自洽场近似方法中可发现该方法能给出体系精确的交换能，这一优点正好可以弥补密度泛函理论 DFT 方法中的缺陷。因此，为了提高理论计算的精度，人们引进了杂化泛函的方法，即用 Hartree-Fock 方法中的交换能与 DFT 方法中的交换能做线性组合得到计算体系关联泛函。采用这种方法获得的交换关联泛函通常要比用 DFT 方法得到的交换关联泛函更加精确，而且可以通过线性组合系数的调节来控制

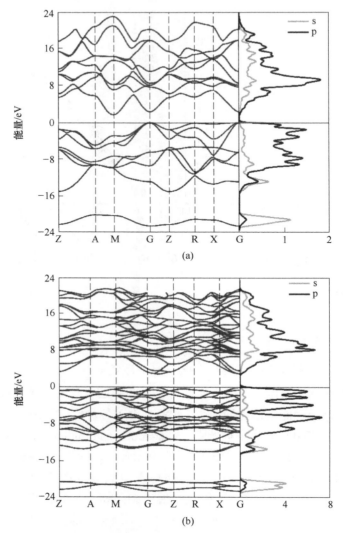

图 2-6　基于局域密度近似计算常压下 tP4-B₂CO（a）和

tI16-B₂CO（b）两种结构的能带结构图（水平线代表费米能级）

Hertree-Fock 与 DFT 两者交换泛函的比例，使得计算结果更为精确。如目前常用
的 HSE06 杂化泛函，基于它可以很准确地计算出固体材料电子结构方面的信息，
便于研究固体材料的光学特性以及电子转移等问题。然而随着杂化泛函的使用，
体系计算量也在急剧增加。因此，目前杂化泛函只适合于小体系，这也是其最大
的缺陷。

如图 2-7 所示，基于 HSE06 的计算揭示了 tP4-B₂CO 和 tI16-B₂CO 都是宽带
隙半导体，禁带宽度分别为 2.859eV 和 4.279eV。它们各自的 VBM 和 CBM 分别

落在不同的高对称点路径上，这和基于 CA-PZ 交换关联泛函计算情况一致，也即说明 tP4-B$_2$CO 和 tI16-B$_2$CO 二者都是间接带隙的半导体。

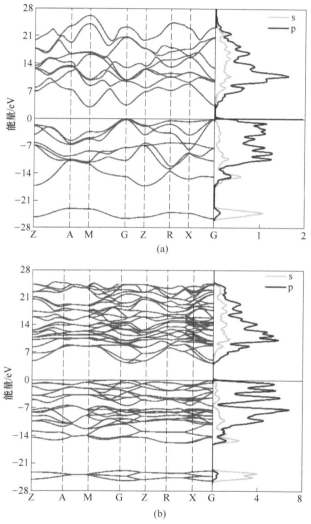

图 2-7　基于杂化泛函 HSE06 计算常压下 tP4-B$_2$CO（a）和
tI16-B$_2$CO（b）两种结构的能带结构图（水平线代表费米能级）

2.6.2　压力对电学性质的影响

考虑到压力对原子位置及其相对位置的影响，进而影响材料的物理性质，因此有必要研究压力对 B$_2$CO 化合物电学性质的影响。鉴于杂化泛函计算需要高昂的计算机时资源，这里采用 LDA 算法下的 CA-PZ 交换关联泛函来研究不同压力下 B₂CO 化合物电学性质，图 2-8 给出了两种四方晶系 B₂CO 的带隙值与压力（0~100GPa）的关系。从图 2-8 中可以发现，带隙对 B₂CO 的带隙有着明显的影响，其中 tP4-B₂CO 和 tI16-B₂CO 在研究压力范围内带隙变化相对较小，分别为增大 9.3% 和 7.7%，这说明二者的电学性质受压力影响较小，可以在变压力环境下作为半导体材料使用。

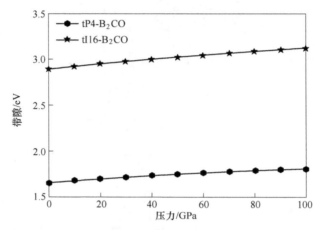

图 2-8　tP4-B₂CO 和 tI16-B₂CO 两种结构带隙压力关系图

2.6.3　电子转移和成键分析

1932 年，综合考虑电离能和电子亲和能后，Linus Carl Pauling 引入了电负性（electronegativity，简称 EN）概念[65]，用来表示两种不同类原子间形成化学键时争夺电子能力的相对强弱。电负性值越大，意味着元素原子在成键中争夺电子能力越强。一般而言，同种元素之间电负性相同，形成非极性共价键；不同元素之间，随着电负性差值增大，键的极性增强。后来李克艳研究发现元素的电负性受到所处配位环境的影响，并给出了不同元素在不同配位环境下的电负性值[66~68]。

对于两种四方晶系 B₂CO 超硬相 tP4-B₂CO 和 tI16-B₂CO 而言，元素 B、C 和 O 都在四配位环境中，电负性值分别为 1.641、2.500 和 4.375，也即在形成化学键的时候 B 会失去电子而 C 和 O 同时得到 B 失去的电子，其中 O 得电子的能力明显高于 C。图 2-9 给出了 tP4-B₂CO 和 tI16-B₂CO 两者的电荷差分密度，两者采用统一的标度尺。其中 tP4-B₂CO 展示的为（１００）面电荷差分密度视图，tI16-B₂CO 则按图 2-9（c）中特定切面展示其电荷差分密度。

由图 2-9 可以发现在形成 sp³ 杂化 B—C 和 B—O 化学键时，B 原子周围电子云最少，O 原子周围电子云最多，C 原子周围电子云聚集程度介于 B 和 O 之间，

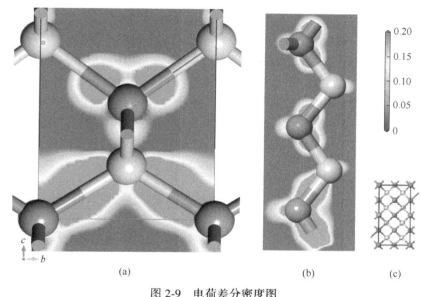

图 2-9 电荷差分密度图

（a）tP4-B_2CO；（b）tI16-B_2CO；（c）标尺，单位为 electrons/$Å^3$

电子云存在一定程度偏离 B 原子且靠近 C/O 原子的现象。由于 O 的电负性值高于 C，所以电子云在 B—O 中的偏聚程度比 B—C 更明显，也即为 B—O 的极性相对而言比 B—C 更高，B—C 和 B—O 都是极性共价键。

2.7 热力学性质

2.7.1 热力学性质介绍

材料的热力学性质是指材料处于平衡状态下压强、体积、温度、组成以及其他的热力学函数之间的变化规律。基于声子振动及其态密度的研究，可以进一步获取焓（enthalpy，简称 H）、熵（entropy，简称 S）、吉布斯自由能（gibbs free energy，简称 G）、晶格热容（lattice heat capacity，简称 C_V）与温度 T 之间的关系。一般而言，CASTEP 计算的能量都是在 0K 条件下体系的总电子能量。要想了解材料在非 0K 下的热力学性质，可以通过声子振动模拟温度引起的热振动，评估振动对具体温度下材料的热力学性质（如焓、熵、吉布斯自由能、晶格热容等）的贡献，获取相应热力学性质与温度的关系。基于声子振动的详细研究，Baroni 等人提出了温度对热力学性质（如焓、熵、吉布斯自由能、晶格热容等）的贡献度算法[41]，如式（2-6）~式（2-10）所示。其中焓值与温度之间的关系见式（2-6）：

$$H(T) = E_{\text{tot}} + E_{\text{zp}} + \int \frac{\hbar\omega}{\exp(\hbar\omega/\kappa T) - 1} F(\omega) \, d\omega \qquad (2\text{-}6)$$

式中，E_{zp} 是指零点振动能；κ 为玻耳兹曼常数；$\hbar$ 为普朗克常数；$F(\omega)$ 为声子态密度。零点振动能（zero-point vibration energy，E_{zp}）是指量子在绝对温度的零点下仍会保持振动的能量。零点振动的幅度会随着温度增加而加大，此外原子质量越轻（也即元素序号越小），其零点振动越明显。关于零点振动能的设想来自量子力学的一个著名概念：海森堡测不准原理，这里不再赘述。E_{zp} 可以通过式（2-7)计算：

$$E_{\text{zp}} = 0.5 \int F(\omega) \hbar\omega \, d\omega \qquad (2\text{-}7)$$

吉布斯自由能 G 与温度 T 的关系可以通过振动对吉布斯自由能的能量贡献评估，具体计算公式见式（2-8)。

$$G(T) = E_{\text{tot}} + E_{\text{zp}} + \kappa T \int F(\omega) \ln\left[1 - \exp\left(-\frac{\hbar\omega}{\kappa T} \right) \right] d\omega \qquad (2\text{-}8)$$

熵是热力学中表征物质状态的参量之一，其物理意义是体系混乱程度的度量。振动对熵的能量贡献可依式（2-9）计算。

$$S(T) = \kappa \left\{ \int \frac{\frac{\hbar\omega}{\kappa T}}{\exp\left(\frac{\hbar\omega}{\kappa T} \right) - 1} F(\omega) \, d\omega - \int F(\omega) \ln\left[1 - \exp\left(-\frac{\hbar\omega}{\kappa T} \right) \right] d\omega \right\} \qquad (2\text{-}9)$$

2.7.2　热力学能量值

基于 tP4-B₂CO 和 tI16-B₂CO 的单胞模型计算所得二者零点振动能 E_{zp} 分别为 0.556eV 和 2.216eV。由于物质的能量与其结构中分子量有关，考虑到 tI16-B₂CO 含有 4 倍 B₂CO 分子式，对于 tP4-B₂CO 和 tI16-B₂CO 二者的单倍分子式 E_{zp} 非常接近，均高达 0.55eV。这也表明在轻质元素构成的物质中，零点振动能贡献相对较大。同时，发现对称性更高的 tI16-B₂CO 比 tP4-B₂CO 的分子式 E_{zp} 要低 2 meV。

随后研究了 0~2000K 温度范围内，tP4-B₂CO 和 tI16-B₂CO 二者热力学物理量如吉布斯自由能 G、熵 S、焓 H 与温度 T 之间的关系，分别如图 2-10（a）和图 2-10（b）所示。由于熵的单位为 J/K，为了能与 CASTEP 计算的能量值进行直观比较分析，这里采用 $S \times T$ 的形式而非单独 S 的形式给出。从图 2-10 可以看出，相同温度下 tP4-B₂CO 和 tI16-B₂CO 二者的熵值近乎呈现 1:4 的关系，这也跟熵与体量大小关系相吻合。此外，研究发现二者结构的热力学物理量在任何温度下均满足 $G = H - T \times S$，这也与热力学关系吻合。

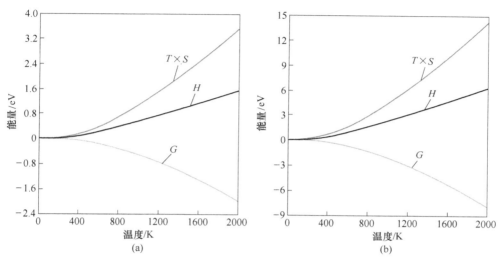

图 2-10　tP4-B$_2$CO（a）和 tI16-B$_2$CO（b）的吉布斯自由能 G、熵 S、焓 H 与温度 T 之间的关系

2.7.3　热容

此外，声子振动对热容也存在着巨大的影响，热容与温度的关系可通过式（2-10）计算。基于声子振动的研究，计算了 0~2000K 温度范围内，tP4-B$_2$CO 和 tI16-B$_2$CO 二者热容 C_V 与温度 T 之间的关系，如图 2-11 所示。

$$C_V(T) = \kappa \int \frac{\left(\dfrac{\hbar\omega}{\kappa T}\right)^2 \exp\left(\dfrac{\hbar\omega}{\kappa T}\right)}{\left[\exp\left(\dfrac{\hbar\omega}{\kappa T}\right) - 1\right]^2} F(\omega)\,\mathrm{d}\omega \tag{2-10}$$

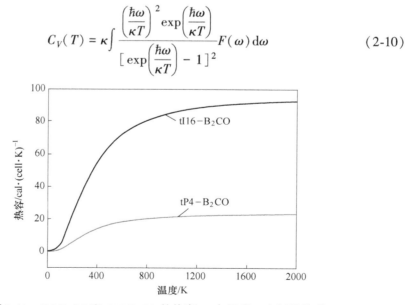

图 2-11　tP4-B$_2$CO 和 tI16-B$_2$CO 的热容 C_V 与温度 T 之间的关系

　　由于 tP4-B₂CO 单胞结构含有 1 倍 B₂CO 分子式，$1cal/(cell \cdot K) = 4.204$ $J/(mol \cdot K)$；而 tI16-B₂CO 单胞结构含有 4 倍 B₂CO 分子式，$1cal/(cell \cdot K) = 1.051J/(mol \cdot K)$。从图 2-11 可以看出，tP4-B₂CO 和 tI16-B₂CO 的热容在低温段均随着温度升高而增大，这说明低温时，热容并不是一个恒量，在接近绝对零度时，热容按 T^3 的规律趋近于零。在高温段，热容缓慢增加并趋近于 $12R$（R 为热力学常数，$8.314J/(mol \cdot K)$）。这与热力学中杜隆-珀替定律（恒压下元素的原子热容为 $3R$）和柯普定律（化合物分子热容等于构成此化合物各元素原子热容之和）一致。

2.8　本章小结

　　采用结构预测程序 CALYPSO，李印威等人预测出两种含有强 sp³ 杂化 B—C 和 B—O 共价键的四方晶系 B₂CO（tP4-B₂CO 和 tI16-B₂CO）。基于第一性原理得到的独立弹性常数和声子散射谱证明了两种 B₂CO 结构的弹性力学稳定性和动力学稳定性。两种路径形成焓的研究表明常压下形成焓是负值，且随着压力升高，焓值进一步减小，这证明了 tP4-B₂CO 和 tI16-B₂CO 结构的热力学稳定性，同时也说明压力有利于其合成。

　　基于微观硬度理论的计算揭示 tP4-B₂CO 和 tI16-B₂CO 都是超硬相。通过应力-应变关系研究，二者沿 [0 0 1] 方向的拉伸强度远大于其沿 [1 0 0] 方向的拉伸强度，此外当结构的 [1 0 0] 方向应变超过 0.27 或 [0 0 1] 方向的应变超过 0.42 时，两个结构均完全失效。基于声子振动及其态密度，热力学性质得以被详细研究，揭示了温度对热力学性质（如焓、熵、吉布斯自由能、热容等）的影响关系。电学性质的研究表明二者均是间接带隙半导体，带隙宽度分别为 2.859eV 和 4.279eV。电学性质与压力的关系研究表明，tP4-B₂CO 和 tI16-B₂CO 的电学性质受压力影响较小，二者在变压力环境下具有优良的力学和电学性质，预示着 B₂CO 在工业应用和科学研究上有着诱人的前景。

参 考 文 献

[1] Haines J, Léger J M, Bocquillon G. Synthesis and design of superhard materials [J]. Annu. Rev. Mater. Res., 2001, 31: 1-23.

[2] Brazhkin V, Dubrovinskaia N, Nicol M, et al. What does " harder than diamond" mean? [J]. Nat. Mater., 2004, 3: 576-577.

[3] Wentorf R H. Cubic form of boron nitride [J]. J. Chem. Phys., 1957, 26 (4): 956.

[4] Rignanese G M, Charlier J C, Gonze X. First-principles study of vibrational and dielectric prop-

erties of C_3N_4 polymorphs [J]. Phys. Rev. B, 2002, 66: 205416.

[5] He D W, Zhao Y S, Daemen L, et al. Boron suboxide: As hard as cubic boron nitride [J]. Appl. Phys. Lett., 2002, 81: 643-645.

[6] Pan Z, Sun H, Chen C. Diverging synthesis routes and distinct properties of cubic BC_2N at high pressure [J]. Phys. Rev. B, 2004, 70: 174115.

[7] Li Q, Wang M, Oganov A R, et al. Rhombohedral superhard structure of BC_2N [J]. J. Appl. Phys., 2009, 105: 053514.

[8] Cumberland R W, Weinberger M B, Gilman J J, et al. Osmium diboride, an ultra-incompressible, hard material [J]. J. Am. Chem. Soc., 2005, 127: 7264-7265.

[9] Young A F, Sanloup C, Gregoryanz E, et al. Synthesis of novel transition metal nitrides IrN_2 and OsN_2 [J]. Phys. Rev. Lett., 2006, 96: 155501.

[10] Li Y, Wang H, Li Q, et al. Twofold coordinated ground-state and eightfold high-pressure phases of heavy transition metal nitrides MN_2 (M = Os, Ir, Ru, and Rh) [J]. Inorg. Chem., 2009, 48: 9904-9909.

[11] Li Y, Ma Y. Crystal structure and physical properties of OsN: first-principle calculations [J]. Solid State Commun., 2010, 150: 759-762.

[12] Li Y, Yue J, Liu X, et al. Ultra-incompressible superconducting phase of OsC predicted by phonon calculations [J]. Phys. Lett. A, 2010, 374: 1880-1884.

[13] Bundy F, Hall H T, Strong H, et al. Man-made diamonds [J]. Nature, 1955, 176: 51-55.

[14] Nakano S, Akaishi M, Sasaki T, et al. Segregative crystallization of several diamond-like phases from the graphitic BC_2N without an additive at 7.7GPa [J]. Chem. Mater., 1994, 6: 2246-2251.

[15] Knittle E, Kaner R B, Jeanloz R, et al. High-pressure synthesis, characterization, and equation of state of cubic C-BN solid solutions [J]. Phys. Rev. B, 1995, 51: 12149-12156.

[16] Komatsu T, Nomura M, Kakudate Y, et al. Synthesis and characterization of a shock-synthesized cubic B-C-N solid solution of composition $BC_{2.5}N$ [J]. J. Mater. Chem., 1996, 6: 1799-1803.

[17] Solozhenko V L, Andrault D, Fiquet G, et al. Synthesis of superhard cubic BC_2N [J]. Appl. Phys. Lett., 2001, 78: 1385-1387.

[18] Zhao Y S, He D W, Daemen L L, et al. Superhard B-C-N materials synthesized in nanostructured bulks [J]. J. Mater. Res., 2002, 17: 3139-3145.

[19] Kobayashi M, Higashi I, Brodhag C, et al. Structure of B_6O boron-suboxide by rietveld refinement [J]. J. Mater. Sci., 1993, 28: 2129-2134.

[20] Solozhenko V L, Kurakevych O O, Andrault D, et al. Ultimate metastable solubility of boron in diamond: synthesis of superhard diamond like BC_5 [J]. Phys. Rev. Lett., 2009, 102: 015506.

[21] Garvie L A J, Hubert H, Petuskey W T, et al. High-pressure, high-temperature syntheses in the B-C-N-O system [J]. J. Solid State Chem., 1997, 133: 365-371.

[22] Hubert H, Garvie L A J, Devouard B, et al. High-pressure, high-temperature Syntheses of super-hard α-rhombohedral boron-rich solids in the BCNO [C]. Mat. Res. Soc. Symp. Proc, 1998, 499: 315-320.

[23] Bolotina N B, Dyuzheva T I, Bendeliani N A. Atomic structure of boron suboxycarbide B(C, O)$_{0.155}$ [J]. Crystallogr. Rep., 2001, 46: 734-740.

[24] Endo T, Sato T, Shimada M. High-pressure synthesis of B₂O with diamond-like structure [J]. J. Mater. Sci. Lett., 1987, 6: 683-685.

[25] Wang Y C, Lv J A, Zhu L, et al. Crystal structure prediction via particle-swarm optimization [J]. Phys. Rev. B, 2010, 82: 094116.

[26] Wang Y C, Lv J, Zhu L, et al. CALYPSO: A method for crystal structure prediction [J]. Comput. Phys. Commun., 2012, 183: 2063-2070.

[27] Wang Y, Liu H, Lv J, et al. High pressure partially ionic phase of water ice [J]. Nat. Commun., 2011, 2: 563.

[28] Cheng C, Lv Z L, Cheng Y, et al. A possible superhard orthorhombic carbon [J]. Diam. Relat. Mater., 2014, 43: 49-54.

[29] Wang Q, Xu B, Sun J, et al. Direct band gap silicon allotropes [J]. J. Am. Chem. Soc., 2014, 136: 9826-9829.

[30] Segall M D, Lindan P J D, Probert M J, et al. First-principles simulation: ideas, illustrations and the CASTEP code [J]. J. Phys. Condens. Matter, 2002, 14: 2717-2744.

[31] Clark S J, Segall M D, Pickard C J, et al. First principles methods using CASTEP [J]. Z. Krist. Cryst. Mater., 2005, 220: 567-570.

[32] Ceperley D M, Alder B J. Ground state of the electron gas by a stochastic method [J]. Phys. Rev. Lett., 1980, 45: 566-569.

[33] Perdew J P, Zunger A. Self-interaction correction to density-functional approximations for many-electron systems [J]. Phys. Rev. B, 1981, 23: 5048-5079.

[34] Lin J S, Qteish A, Payne M C, et al. Optimized and transferable nonlocal separable ab initio pseudopotentials [J]. Phys. Rev. B, 1993, 47: 4174-4180.

[35] Hamann D, Schlüter M, Chiang C. Norm-conserving pseudopotentials [J]. Phys. Rev. Lett., 1979, 43: 1494-1497.

[36] Pfrommer B G, Côté M, Louie S G, et al. Relaxation of crystals with the quasi-Newton method [J]. J. Comput. Phys., 1997, 131: 233-240.

[37] Vanderbilt D. Soft self-consistent pseudopotentials in a generalized eigenvalue formalism [J]. Phys. Rev. B, 1990, 41: 7892-7895.

[38] Monkhorst H J, Pack J D. Special points for Brillouin-zone integrations [J]. Phys. Rev. B, 1976, 13: 5188-5192.

[39] Baroni S, Giannozzi P, Testa A. Green's-function approach to linear response in solids [J]. Phys. Rev. Lett., 1987, 58: 1861-1864.

[40] Ackland G J, Warren M C, Clark S J. Practical methods in ab initio lattice dynamics [J]. J.

Phys. Condens. Matter, 1997, 9: 7861-7872.

[41] Baroni S, de Gironcoli S, Dal Corso A, et al. Phonons and related crystal properties from density-functional perturbation theory [J]. Rev. Mod. Phys., 2001, 73: 515-562.

[42] Roundy D, Krenn C, Cohen M L, et al. Ideal shear strengths of fcc aluminum and copper [J]. Phys. Rev. Lett., 1999, 82: 2713.

[43] Roundy D, Krenn C, Cohen M L, et al. The ideal strength of tungsten [J]. Philos. Mag. A, 2001, 81: 1725-1747.

[44] Karki B B, Ackland G J, Crain J. Elastic instabilities in crystals from ab initio stress-strain relations [J]. J. Phys. Condens. Matter, 1997, 9: 8579.

[45] Krenn C R, Roundy D., Morris J W, et al. Ideal strengths of bcc metals [J]. Mater. Sci. Eng.: A, 2001, 319: 111-114.

[46] He J L, Guo L C, Wu E, et al. First-principles study of B_2CN crystals deduced from the diamond structure [J]. J. Phys. Condens. Matter, 2004, 16: 8131-8138.

[47] Li Y W, Li Q, Ma Y. B_2CO: A potential superhard material in the B-C-O system [J]. EPL (Europhysics Letters), 2011, 95: 66006.

[48] Wu Z, Zhao E, Xiang H, et al. Crystal structures and elastic properties of superhard IrN_2 and IrN_3 from first principles [J]. Phys. Rev. B, 2007, 76: 054115.

[49] Mouhat F, Coudert F. Necessary and sufficient elastic stability conditions in various crystal systems [J]. Phys. Rev. B, 2014, 90: 224104.

[50] Grumbach M P, Sankey O F, McMillan P F. Properties of B_2O: An unsymmetrical analog of carbon [J]. Phys. Rev. B, 1995, 52: 15807-15811.

[51] Li Q, Chen W J, Xia Y, et al. Superhard phases of B_2O: An isoelectronic compound of diamond [J]. Diam. Relat. Mater., 2011, 20: 501-504.

[52] Decker B F, Kasper J S. The crystal structure of a simple rhombohedral form of boron [J]. Acta Crystallogr., 1959, 12: 503-506.

[53] Parakhonskiy G, Dubrovinskaia N, Bykova E, et al. Experimental pressure-temperature phase diagram of boron: resolving the long-standing enigma [J]. Sci Rep, 2011, 1: 96.

[54] Freiman Y A, Jodl H. -J. Solid oxygen [J]. Phys. Rep., 2004, 401: 1-228.

[55] Birch F. The effect of pressure upon the elastic parameters of isotropic solids, according to Murnaghan's theory of finite strain [J]. J. Appl. Phys., 1938, 9: 279-288.

[56] Ross M, Young D A. Theory of the equation of state at high pressure [J]. Annu. Rev. Phys. Chem., 1993, 44: 61-87.

[57] Cohen R E, Gülseren O, Hemley R J. Accuracy of equation-of-state formulations [J]. Am. Mineral., 2000, 85: 338-344.

[58] Gao F, He J, Wu E, et al. Hardness of covalent crystals [J]. Phys. Rev. Lett., 2003, 91: 015502.

[59] Tian Y J, Xu B, Zhao Z S. Microscopic theory of hardness and design of novel superhard crystals [J]. Int. J. Refract. Met. H., 2012, 33: 93-106.

［60］He J, Wu E, Wang H, et al. Ionicities of boron-boron bonds in B_{12} icosahedra ［J］. Phys. Rev. Lett. , 2005, 94: 015504.

［61］Zhang M G, Yan H, Zheng B, et al. Influences of carbon concentration on crystal structures and ideal strengths of B_2C_xO compounds in the BCO system ［J］. Sci. Rep. , 2015, 5: 15481.

［62］Zhang Y, Sun H, Chen C. Atomistic deformation modes in strong covalent solids ［J］. Phys. Rev. Lett. , 2005, 94: 145505.

［63］Garza A J, Scuseria G E. Predicting Band Gaps with Hybrid Density Functionals ［J］. J. Phys. Chem. Lett. , 2016, 7: 4165-4170.

［64］Krukau A V, Vydrov O A, Izmaylov A F, et al. Influence of the exchange screening parameter on the performance of screened hybrid functionals ［J］. J. Chem. Phys. , 2006, 125: 224106.

［65］Pauling L. The Nature of the Chemical Bond. Ⅳ. The Energy of Single Bonds and the Relative Electronegativity of Atoms ［J］. J. Am. Chem. Soc. , 1932, 54: 3570-3582.

［66］Li K, Wang X, Xue D. Electronegativities of elements in covalent crystals ［J］. J. Phys. Chem. A, 2008, 112: 7894-7897.

［67］李克艳, 薛冬峰. 电负性概念的新拓展 ［J］. 科学通报, 2009, 53: 2442-2448.

［68］Li K, Wang X, Zhang F, et al. Electronegativity identification of novel superhard materials ［J］. Phys. Rev. Lett. , 2008, 100: 235504.

3 sp³杂化型正交晶系 B₂CO 超硬相

3.1 概述

因为超硬材料在基础科研和工业应用中极为重要，所以其设计与合成吸引着人们的广泛关注[1]。作为一类潜在的超硬材料，由轻元素（B、C、N 和 O）形成的强共价键化合物一直以来吸引着科研工作者并取得了长足的进步。B—N[2]、B—C[3,4] 和 B—O[5,6] 二元体系以及三元体系 B-C-N[7~9] 等超硬材料已经被成功合成。关于超硬材料的理论设计和结构预测同样也取得了巨大的成就。一元[10,11]、二元[12]、三元[13] 化合物相继被成功提出。其中一项标志性的工作即为预测出 β-C₃N₄，一种硬度能与金刚石相匹敌的超硬材料[14]。

在 B-C-N 三元超硬化合物中，B/C—C/N 之间形成的共价键都是 sp³ 杂化的。考虑到在 B₂O[6,15,16] 化合物中 B 能跟 O 形成强的 sp³ 杂化的共价键，且实验上已经合成了三元 B-C-O 化合物[17,18]，因此作为超硬材料的候选结构，B-C-O 备受关注[19~21]。B₂CO 是 B-C-O 体系中与金刚石等电子体结构中最简单化学配比的化合物。

李印威等人在研究 B₂CO 化合物时提出了两种超硬的 B₂CO 结构：tP4-B₂CO 和 tI16-B₂CO[19]。通过分析，李印威等人认为 B₂CO 趋向于形成具有强 sp³ 杂化 B—C 和 B—O 共价键的四方晶系结构。受到李印威等人的研究成果的启发，张美光等人在研究 B₂CₓO 化合物时提出了三种超硬的 B₂CₓO（$x \geqslant 2$）相[20]，分别为 I4₁/amd-B₂C₂O、I$\overline{4}$m2-B₂C₃O 和 P$\overline{4}$m2-B₂C₅O。通过该研究，张美光等人建立了 B₂CₓO 的含碳量与力学性质之间的关系，认为高含碳量有利于提高 B₂CₓO 的弹性模量和硬度。在 2016 年，王胜男等人在 0~50GPa 范围内研究 B-C-O 化合物体系，提出了一种新型超硬化合物 B₄CO₄，该化合物在常温常压下以亚稳相的形式存在，而当压力升高到 23GPa 后就变成热力学稳定相[21]。该新型 B-C-O 超硬相空间群 I$\overline{4}$，也属于四方晶系[21]。所有提出的 B-C-O 化合物超硬相都属于四方晶系[19~21]。是否四方晶系是 B-C-O 超硬相存在的必备条件抑或能否存在其他非四方结构的 B-C-O 超硬相？这个问题引起了我们的好奇。

鉴于碳原子成键方式的多样化，既有 sp³ 杂化也有 sp 和 sp² 杂化共价键，各种杂化形式还可以共存，所以碳可以形成许多性质迥异的同素异形体，最典型的代表就是 C—C 经 sp² 杂化形成的石墨和 sp³ 杂化形成的金刚石，石墨黑色、柔软滑腻、易导电，而金刚石无色透明，质地坚硬（目前自然界最硬的物质），属于半导体。正是丰富的同素异形体，为碳材料在工业应用和科学研究上提供了物质基础。考虑到 B 能与 O 和 C 形成强共价键构成的固态物质如 B—O 化合物[5,6,22,23]、B—C 化合物[3,4,24]，同时受B-C-O超硬材料结构的启发，例如 tP4-B₂CO 和 tI16-B₂CO 都具有类金刚石结构[19]，那些富碳的 B₂CₓO 超硬相也都是类金刚石结构的，它们都可以通过 tP4-B₂CO 超胞结构中 B 和 O 原子部分置换 C 原子衍生出相应的化合物结构[20]。因此，需要探究在碳同素异形体中，用 B 和 O 原子取代部分 C 原子后形成的B-C-O化合物是否稳定以及它们具有什么性质。

本章主要介绍以具有金刚石等电子体的最简配比三元B-C-O化合物 B₂CO 为例进行的研究，并简述了通过结构预测及手工建模等方式构建出许多 B₂CO 新相。经过严格的结构稳定性分析，包括弹性力学稳定性和动力稳定性，发现了三种正交晶系结构。通过生成焓的计算，证明了新型 B₂CO 的热力学稳定性。基于密度函数理论 DFT，系统地研究了新型 B₂CO 结构的力学和电子性质。相关研究阐明在B-C-O化合物体系中存在非四方晶系的超硬相，丰富了超硬B-C-O化合物体系的结构来源。此外通过结构特点，针对性进行手动建模的方法也为相关材料的结构模型设计提供了借鉴。

3.2　计算方法

3.2.1　模型

进化的模拟算法例如 CALYPSO[25~27] 和 USPEX[28~30] 已经在结构预测尤其是超硬材料设计方面扮演了显著的角色[19~21,31~33]，因此这里通过结构预测程序产生潜在的晶体结构。此外考虑到已有B-C-O超硬材料的结构特点，也采用手动建模相结合的方式获得潜在的晶体结构。在此为了高效获得潜在的超硬 B₂CO 结构，通过以下步骤构建新结构：（1）广泛选择具有强 sp³ 杂化 C—C 共价键的碳同素异形体；（2）如果原始结构包含 $4n$ 个原子（n 代表正整数），跳过步骤（2），否则构造超晶胞以确保超晶胞包含 $4n$ 个原子；（3）去掉结构对称性，四分之一的 C 原子被 O 原子取代，一半的 C 原子被 B 原子取代，构建过程中确保 C 和 O 原子被 B 原子分开；（4）找新结构的对称性并施加对称性。

3.2.2　参数

接下来的结构优化和相关性质研究均在基于密度泛函理论的 CASTEP 模块[34]中执行。交换关联函数采用局部密度近似下的 CA-PZ 形式[35,36]。为保证收敛精度小于 1meV，采用 960eV 作为模方守恒赝势的平面波截断能，K 点通过

以 $2\pi \times 0.04\text{Å}^{-1}$ 作网格划分密度来划分 Monkhorst-Pack 而产生[37]。采用 BFGS 方法[38]进行几何优化，结构优化期间粒子迭代会一直进行，直到每个原子的能量变化小于 $5 \times 10^{-6}\text{eV}$，原子力张量减小到 0.01eV/Å，原子位移不超过 $5\times10^{-4}\text{Å}$，应力不超过 0.02GPa。在 CASTEP 中，声子色散研究是基于线性响应法执行的[39,40]。此外弹性常数是采用有效的应力应变法计算的，其中最大应变为0.3%，共对应着 9 种变形结构。整个研究中采用的是单胞而非原胞，布里渊区高对称点为 G（0，0，0）、Z（0，0，0.5）、T（-0.5，0，0.5）、Y（-0.5，0，0）、S（-0.5，0.5，0）、X（0，0.5，0）、R（-0.5，0.5，0.5）。

这里采用固定应变方法来模拟拉伸强度[41~44]，即为在选定方向施加固定应变，优化结构直到应力张量小于 0.02GPa。优化过程中，其余方向的晶格参数和三个角度是自由弛豫。通过一系列的应力值与应变的关系来评估拉伸强度。

3.3　晶体结构

经过对大量搜索结构的理论研究，提出了一种新型 B_2CO 化合物。该化合物的空间群为 Pmc21，单胞含有 8 个原子，是一类原始正交晶系结构，因此根据皮尔逊符号，命名为 oP8-B_2CO。如图 3-1 所示，该结构是类蓝丝黛尔石结构（当 B和 O 都被 C 替换时，oP8-B_2CO 结构的对称性变为 $P6_3/mmc$，即形成了蓝丝黛尔石[45,46]。蓝丝黛尔石即为六方金刚石，属于碳同素异形体的一种构形）。oP8-B_2CO 单胞中分别有 8 个 sp^3 杂化 B—C 和 8 个 sp^3 杂化 B—O。不同于蓝丝黛尔石的是，oP8-B_2CO 中没有严格平行于 c 轴的化学键。整个 oP8-B_2CO 也是关于 $a=0.5$ 呈面对称的。

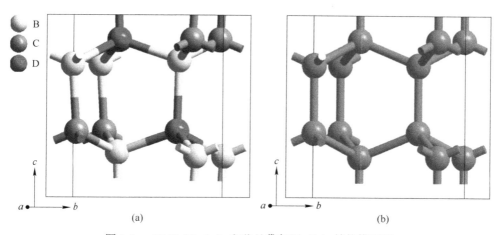

图 3-1　oP8-B_2CO（a）和蓝丝黛尔石（b）结构模型图

鉴于结构的相似性：如 tP4-B_2CO 和 tI16-B_2CO 具有类金刚石结构，

oP8-B₂CO 具有类蓝丝黛尔石结构，而三种已知 B₂CₓO 化合物均与 tP4-B₂CO 结构相似，也即具有类金刚石结构，而碳的同素异形体结构中亦有许多超硬相。以具有超硬属性的碳同素异形体为模型，结合群论知识并通过原子置换构建 B₂CO 新型化合物结构。通过研究，又提出两个新发现的 B₂CO 结构，其常压下的结构如图 3-2 所示。新预测的两个结构都属于正交晶系，且每个单胞都含有 16 个原子（也即 4 倍分子式）。其中第一个是简单中心结构，空间群为 *Pbam*，根据皮尔逊符号，命名为 oP16-B₂CO，另一个是 *C* 点（0.5，0.5，0）中心对称结构，空间群为 Cmmm，称之为 oC16-B₂CO。在 oP16-B₂CO 和 oC16-B₂CO 结构中，所有的原子都是 4 配位，并且只有 sp³ 杂化形成的 B—C 和 B—O 共价键，没有 B—B、C—C、O—O 这种同质原子形成的共价键，甚至在结构中都没有 C—O。

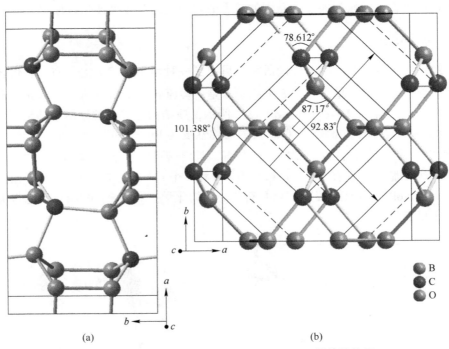

（a）　　　　　　　　　　　　　　　　（b）

图 3-2　oP16-B₂CO（a）和 oC16-B₂CO（b）晶体结构图

　　如图 3-2（a）所示，oP16-B₂CO 具有与 Cco-C8 相似的结构（当 B 和 O 被 C 替换后，oP16-B₂CO 对称性就会变为 Cmmm，同时形成 Cco-C8 结构）[10]，oP16-B₂CO 结构关于 $c = 0.5$ 面对称。不同于 Cco-C8 的是 oP16-B₂CO 结构中没有严格平行于 *c* 轴的化学键。如图 3-2（b）所示，oC16-B₂CO 比 oP16-B₂CO 具有更高的对称性，结构中所有原子都是关于（0.5，0.5，0.5）中心对称。oC16-B₂CO 具有与碳的同素异形体 Bct-C4[47] 相似的构型，可以通过原子置换等方法基于 Bct-C4 模型衍生出 oC16-B₂CO。从 *c* 轴主视图看 *ab* 面内，oC16-B₂CO 可以视作若干结构单元（如图 3-2（b）所示，细线）通过 B—C（键长 1.596Å）连接而成。当然所有的结构单元可以看作是中心单元通过 $x=y$ 或者 $x=1-y$ 两个方向滑移 4.443Å 得到。一旦结构单元中 B 和 O 原子被 C 原子替换，结构单元变为Bct-C4。在 Bct-C4 中同一平面内（$c=0/0.5$）四个近邻 C 原子形成一个正方形。然而在 oC16-B_2CO 中 $c=0.5$ 面内近邻的 2 个 B 和 2 个 O 原子形成边长为 1.631Å，角度小于 87.17° 或大于 92.83° 的菱形；$c=0$ 面内的近邻 2 个 B 和 2 个 C 原子形成边长 1.596Å，角度为小于 78.612° 或大于 101.388° 的菱形。

常压下结构的详细信息列在表 3-1 中，不难看出 oP8-B_2CO、oP16-B_2CO 和 oC16-B_2CO 三者具有相近的密度，均低于金刚石的密度。其中 oP8-B_2CO 密度最高，比密度最低的 oC16-B_2CO 高 0.106g/cm³。同时与表 2-1 对比，亦可发现 oP8-B_2CO、oP16-B_2CO 和 oC16-B_2CO 与 tP4-B_2CO 和 tI16-B_2CO 较为接近的理论密度。这可能是这五种 B_2CO 结构中原子均为 4 配位关系，且均是由 sp^3 杂化形成 B—C/O 共价键导致。

表 3-1　oP8-B_2CO、oP16-B_2CO 和 oC16-B_2CO 正交晶系的结构信息表

结构类型	空间群	a/Å	b/Å	c/Å	ρ/g·cm⁻³	原子 Wyckoff 坐标
oP8-B_2CO	Pmc21	2.611	4.439	4.284	3.320	B1(0.5, 0.326, 0.248)；B2(0, 0.152, 0.727)；O(0.5, 0.664, 0.362)；C(0, 0.825, 0.862)
oP16-B_2CO	Pbam	8.847	4.364	2.603	3.280	B1(0.824, 0.181, 0.5)；B2(0.911, 0.694, 0)；C(0.342, 0.680, 0.5)；O(0.409, 0.177, 0)
oC16-B_2CO	Cmmm	6.142	6.421	2.601	3.214	B1(0, 0.816, 0.5)；B2 (0.165, 0.5, 0)；C (0, 0.692, 0)；O (0.317, 0.5, 0.5)

3.4　稳定性分析

oP8-B_2CO、oP16-B_2CO 和 oC16-B_2CO 三者结构的稳定性通过分析独立弹性常数和声子散射谱来判断，如表 3-2 和图 3-3 所示。

3.4.1　弹性力学稳定性

对于正交晶系结构，弹性力学稳定性判据[48,49]见式（3-1）。

$$C_{ii} > 0, \ (i = 1, \ 4, \ 5, \ 6); \ C_{11}C_{22} > C_{12}^2;$$

$$C_{11}C_{22}C_{33} + 2C_{12}C_{13}C_{23} - C_{11}C_{23}^2 - C_{22}C_{13}^2 - C_{33}C_{12}^2 > 0 \qquad (3-1)$$

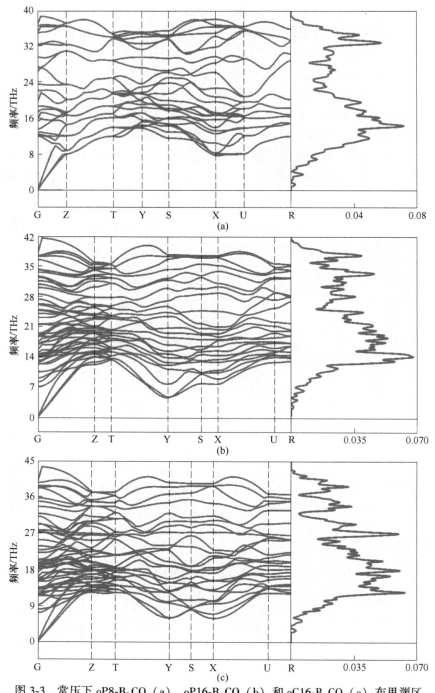

图 3-3　常压下 oP8-B₂CO（a），oP16-B₂CO（b）和 oC16-B₂CO（c）布里渊区
声子图谱（左侧为声子散射谱，右侧为声子态密度图）

表 3-2 oP8-B$_2$CO，oP16-B$_2$CO 和 oC16-B$_2$CO 的独立弹性常数 （GPa）

结构类型	C_{11}	C_{22}	C_{33}	C_{44}	C_{55}	C_{66}	C_{12}	C_{13}	C_{23}
oP8-B$_2$CO	732.0	745.2	674.7	237.6	234.6	260.2	112.2	69.4	84.0
oP16-B$_2$CO	664.6	760.3	757.0	236.0	269.0	244.5	112.7	98.2	72.7
oC16-B$_2$CO	542.4	619.1	778.1	266.7	214.6	218.5	169.1	61.2	129.9

毫无疑问，三者结构的独立弹性常数均满足稳定性判据，表明 oP8-B$_2$CO、oP16-B$_2$CO 和 oC16-B$_2$CO 均满足弹性力学稳定性。

3.4.2 动力学稳定性

oP8-B$_2$CO、oP16-B$_2$CO 和 oC16-B$_2$CO 在常压下整个布里渊区声子散射及其态密度如图 3-3 所示。由图 3-3 可知，oP8-B$_2$CO 的声子振动最大频率为 38.66 THz；oP16-B$_2$CO 的声子振动最大频率为 41.44 THz；而 oC16-B$_2$CO 的声子振动最大频率为 43.36 THz，三者振动频率最大点均出现在 $G{\rightarrow}Z$ 之间。同时，结合声子散射图及其声子态密度图发现整个声子散射中没有虚频，毫无疑问 oP8-B$_2$CO、oP16-B$_2$CO 和 oC16-B$_2$CO 均满足动力学稳定性。

考虑到超硬材料一般都是超高压合成制备，并且在切削、钻探等使用过程中亦会受接触应力影响，因此一并分析了三者在超高压（如 100GPa）下的动力学稳定性。如图 3-4 所示，在 100GPa 高压下，oP8-B$_2$CO、oP16-B$_2$CO 和 oC16-B$_2$CO 三者的整个布里渊区没有负频率的声子振动支存在，声子态密度图更直观地表明其声子散射中没有虚频出现，证明了在高压环境下三者的动力学稳定性。

3.4.3 热力学稳定性

为了将来的实验合成，这里有必要探究 oP8-B$_2$CO、oP16-B$_2$CO 和 oC16-B$_2$CO 三种结构的热力学稳定性。图 3-5 总结了各种已知 B$_2$C$_x$O（$x = 1$，2，3，5）的形成焓/原子，本小节以潜在路径的分离相相较于 B$_2$C$_x$O 化合物的合成来研究它们的形成焓（ΔH_f）随压力变化的关系。

$$\Delta H_f = H_{B_2C_xO} - 2 H_B - xH_C - \frac{1}{2} H_{O_2} \tag{3-2}$$

这里采用几种典型的物质，例如金刚石 C、α-B[50] 和 α-O$_2$[51] 作相应的分离相。通过式（3-2）计算的 ΔH_f 与压力之间的关系如图 3-6 所示。常压下 ΔH_f 均为负值，表明 oP8-B$_2$CO、oP16-B$_2$CO 和 oC16-B$_2$CO 常压下从能量方面考虑是可以稳定存在的。其中 oP8-B$_2$CO、oP16-B$_2$CO 具有与 tP4-B$_2$CO 非常接近的能量，而且 oP8-B$_2$CO、oP16-B$_2$CO、oC16-B$_2$CO 三者的形成焓均比富碳型 B$_2$C$_x$O 的形成

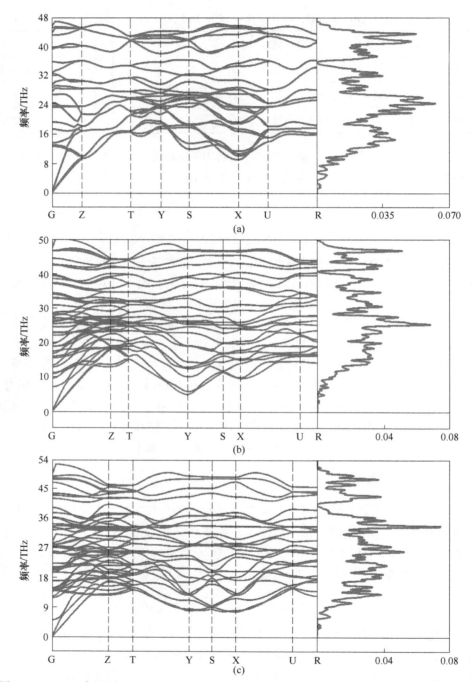

图 3-4　100GPa 高压下 oP8-B₂CO(a)，oP16-B₂CO(b) 和 oC16-B₂CO(c) 布里渊区声子图谱

（左侧为声子散射谱，右侧为声子态密度图）

焓要更低。随着压力的升高，ΔH_f 进一步降低，这也表明 oP8-B$_2$CO、oP16-B$_2$CO 和 oC16-B$_2$CO 可能通过这种路径在加压的条件下合成。

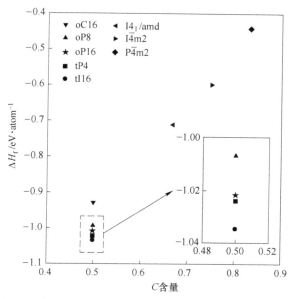

图 3-5　零压下 B$_2$C$_x$O 不同碳含量 $x/(1+x)$ 的原子形成焓

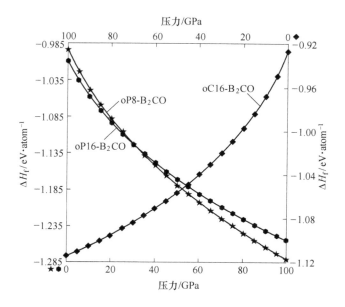

图 3-6　oP8-B$_2$CO、oP16-B$_2$CO 和 oC16-B$_2$CO 形成焓与压力之间的关系

3.5　力学性质

3.5.1　状态方程

计算 oP8-B₂CO、oP16-B₂CO 和 oC16-B₂CO 三种结构在 0～100GPa 范围内（采样宽度为 5GPa）的体积-压力值。然后通过 BM-EOS[52~54]对这 11 组数据进行拟合，拟合方程参见第 2 章力学性质部分式（2-3），拟合曲线如图 3-7 所示。拟合得到的基态时的体积 V_0、体积模量 B_0 和其对压力的一阶偏导 B_0' 见表 3-3。

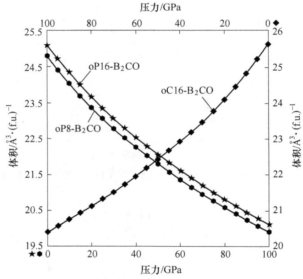

图 3-7　oP8-B₂CO、oP16-B₂CO 和 oC16-B₂CO 体积随压力变化曲线

（几何图案和实线分别代表计算值和拟合结果）

表 3-3　三种正交晶系 B₂CO 的力学性质和拟合数据

结构类型	B/GPa	G/GPa	B_0/GPa	V_0/Å³·(f.u.)⁻¹	B_0'
oP8-B₂CO	297.5	269.9	302.4	24.82	3.69
oP16-B₂CO	305.2	273.9	305.0	25.12	3.57
oC16-B₂CO	293.3	241.5	291.7	25.64	3.62

从表 3-3 可以发现，在 0～100GPa 压力范围内，三种正交晶系的 B₂CO 结构具有相近的体积压缩率，其中 oC16-B₂CO 最大，为 20.37%；oP8-B₂CO 最小，为 19.80%；oP16-B₂CO 的体积压缩率为 19.89%。表 3-3 中同时给出了 3 种结构

B_2CO 基于独立弹性常数计算得到的体积模量和剪切模量值。对比拟合得到的和独立弹性常数计算得到的两个体积模量值,可以验证计算的精准性。同时对比表 2-3 发现,这里提出来的 oP8-B_2CO、oP16-B_2CO 和 oC16-B_2CO 三种物质与李提出来的 tP4-B_2CO 和 tI16-B_2CO 都具有较高且相近的体积模量和剪切模量,以及基态体积、压力偏导等,意味着 oP8-B_2CO、oP16-B_2CO 和 oC16-B_2CO 具有与 tP4-B_2CO 和 tI16-B_2CO 相近的力学性质,极有可能也是超硬材料。

3.5.2 维氏硬度

为了更精准地分析 B_2CO 的硬度,这里采用微观硬度理论的键阻模型[55~57]来计算 3 种不同结构的维氏硬度。具体计算公式见第 2 章力学性质部分公式 (2-4) 和 (2-5),各参数含义见第 2 章力学性质部分描述,这里 Pc 取 0.75。有关硬度计算的参数与结果见表 3-4。计算所得 oP8-B_2CO、oP16-B_2CO 和 oC16-B_2CO 硬度都超过 40GPa,都是超硬材料。

表 3-4 常压下 oP8-B_2CO、oP16-B_2CO 和 oC16-B_2CO 两种结构的原胞体积和键的参数

结构类型	体积 $V/Å^3$	键的参数						HV/GPa
		μ	$d^\mu/Å$	n^μ	N_e^μ	f_i^μ	HV^μ	
oP8-B_2CO	49.651	B—C（Ⅰ）	1.547	4	0.618	0.333	57.37	47.70
		B—C（Ⅱ）	1.561	2	0.600	0.173	66.55	
		B—C（Ⅲ）	1.568	2	0.593	0.239	60.39	
		B—O（Ⅰ）	1.577	2	0.750	0.673	41.53	
oP16-B_2CO	100.504	B—C（Ⅰ）	1.541	8	0.612	0.323	58.268	47.82
		B—C（Ⅱ）	1.582	4	0.565	0.181	61.233	
		B—C（Ⅲ）	1.588	4	0.559	0.110	65.585	
		B—O（Ⅰ）	1.596	4	0.709	0.785	33.951	
		B—O（Ⅱ）	1.621	4	0.676	0.831	29.956	
		B—O（Ⅲ）	1.623	8	0.673	0.495	44.397	
oC16-B_2CO	102.560	B—C（Ⅰ）	1.524	8	0.619	0.333	59.685	46.22
		B—C（Ⅱ）	1.596	8	0.539	0.181	58.071	
		B—O（Ⅰ）	1.602	8	0.685	0.521	45.061	
		B—O（Ⅱ）	1.631	8	0.649	0.816	29.226	

3.5.3 应力应变

这里还采用了一种广泛使用的方法来研究结构变形和拉伸强度等[41~44,58],

那就是通过对固体材料施加特定应变的方法来得到对应应力值，继而得到应力-应变关系。材料的理想强度，也就是应力-应变关系中应力的上限值。通过研究材料的应力-应变关系以及键断裂过程有利于从原子层面了解材料的变形乃至失效机理。选取了正交晶系的 [1 0 0]，[0 1 0] 和 [0 0 1] 作为主晶轴，计算了常压下 oP8-B$_2$CO、oP16-B$_2$CO 和 oC16-B$_2$CO 沿着主晶轴在特定应变下的应力值，并绘制了它们的应力-应变关系图，如图 3-8 所示。

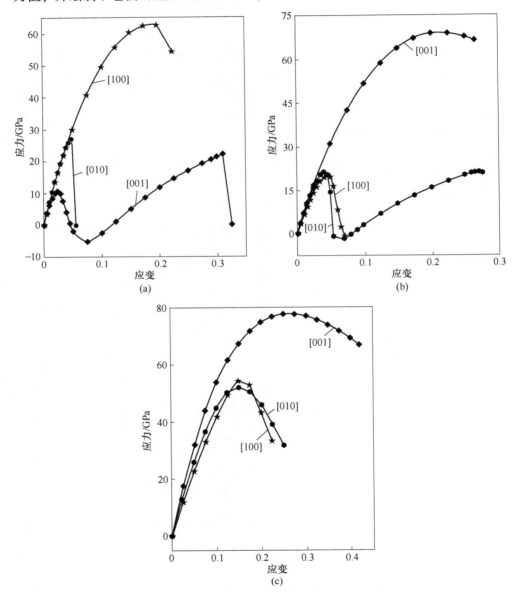

图 3-8　oP8-B$_2$CO（a），oP16-B$_2$CO（b）和 oC16-B$_2$CO（c）在常压下的应力-应变曲线

不难发现，对于简单正交的 oP8-B$_2$CO，它最大拉伸强度 63GPa 在 ［１００］ 方向应变达 0.2 时出现。oP8-B$_2$CO 在 ［０１０］ 方向应力最大值在应变 0.05 处达到，应变继续增加，B—O 断裂导致结构失效；而在 ［００１］ 方向随着应变的增加应力先增加，当应变达到 0.025 时应力出现峰值 10.5GPa，随着应变继续增加，结构内部出现沿 ［００１］ 方向的 B—O 断裂和原子位置的微调，导致应力减小，在应变达到 0.075 时应力出现极小值 −5.6GPa，继续增大应变，应力逐渐增大直至应变为 0.31 时达到极大值 22GPa，继续增加应变，沿着 ［００１］ 方向的 B—C 断裂，此时结构彻底失效。

对于简单正交的 oP16-B$_2$CO，它最大拉伸强度 69GPa 在 ［００１］ 方向应变达 0.225 时达到。对于 oP16-B$_2$CO，在沿着 ［１００］ 方向施加应变，应力先增加后减小，在应变为 0.045 处达到极大值 20GPa，当应变超过 0.07 后沿着 ［１００］ 方向的 B—O 断裂，结构失效；沿着 ［０１０］ 方向施加应变，应力先增加，当应变达到 0.04 时应力达到极大值 21GPa，继续增加应变会导致沿着 ［０１０］ 方向的 B—O 断裂和原子出现微调，进而应力减小到极小值 −1.6GPa（此时对应的应变为 0.07），随后应力随着应变增加而增加，当应变到 0.27 时应力达到最大值 21GPa，继续增大应变直接导致沿着 ［０１０］ 方向的 B—C 断裂，结构失效。

对于 oC16-B$_2$CO，拉伸强度最大值 78GPa 出现在 ［００１］ 方向且应变为 0.25~0.275，随后随着应变逐渐增大，拉伸强度逐渐减小，当应变高过 0.42 后结构失效。［１００］ 和 ［０１０］ 两个方向上的应力应变曲线近乎一致，这两个方向上的最大拉伸强度分别为 54.5GPa 和 52GPa，均出现在应变为 0.15 时，随后拉伸强度随应变增大而逐渐减小直至结构失效。同时 ［０１０］ 方向所能承受的最大应变比 ［１００］ 方向略高。

3.6 电学性质

3.6.1 室压电学性质

基于第一性原理，计算了在常压下，oP8-B$_2$CO、oP16-B$_2$CO 和 oC16-B$_2$CO 两者的电子能带结构。图 3-9 所示即为基于局域密度泛函计算得到三者关于整个 Brillouin 区高对称点的电子能带结构图。

从图 3-9 中可以看出，oP8-B$_2$CO、oP16-B$_2$CO 和 oC16-B$_2$CO 都是具有间接带隙的半导体材料。对 oP8-B$_2$CO 而言，价带最高点 VBM 和导带最低点 CBM 分别处于高对称点 G 点和 R 点。它们之间被一个宽度为 3.540eV 的禁带隔开。对 oP16-B$_2$CO 而言，价带最高点和导带最低点分别处于高对称点 G 点和 U 点，两者被一个宽度为 3.159eV 的禁带隔开。而对于 oC16-B$_2$CO，其价带最高点和导带最低点分别位于 G 点和 Z 点，两者之间被宽度为 3.412eV 的禁带隔开。由于不同的

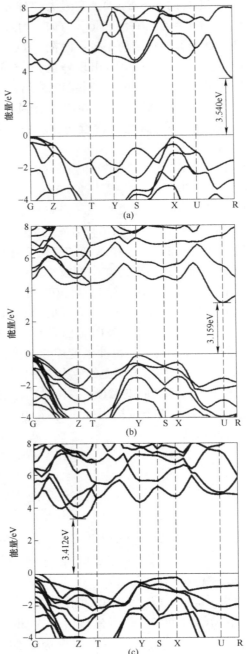

图 3-9　常压下基于 LDA 计算 oP8-B₂CO（a）、oP16-B₂CO（b）和 oC16-B₂CO（c）

电子能带结构

（图中水平实线代表费米能级）

晶体结构类型以及不一样的原子堆积，B_2CO 超硬材料（如 tP4-B_2CO、tI16-B_2CO、oP8-B_2CO、oP16-B_2CO 和 oC16-B_2CO）具有从 1.7eV 到 3.5eV 可调的带隙宽度，意味着 B_2CO 超硬材料未来在半导体工业也将有着潜在的应用。

考虑到局域密度近似对应的 CA-PZ 泛函会低估带隙，为了获得 3 种新型正交晶系 B_2CO 结构的精确电学性质，基于杂化泛函 HSE06 计算了 oP8-B_2CO、oP16-B_2CO 和 oC16-B_2CO 三者在常压下的电子能带结构，如图 3-10 所示。对比 HSE06 泛函和 CA-PZ 泛函，发现两种泛函对应计算的带隙值大小不同，但是却

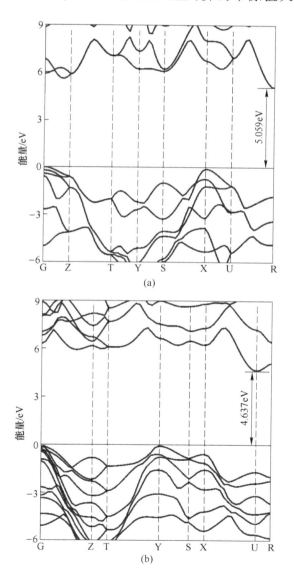

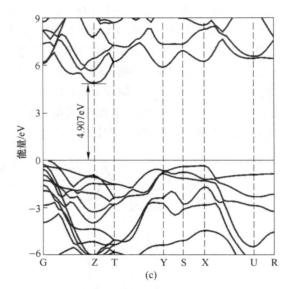

图 3-10　常压下基于 HSE06 计算 oP8-B₂CO（a）、oP16-B₂CO（b）和 oC16-B₂CO（c）

电子能带结构图

（图中水平实线代表费米能级）

均保持着间接带隙的特点。最终经过 HSE06 泛函校验，oP8-B₂CO、oP16-B₂CO 和 oC16-B₂CO 均为宽带隙的间接带隙半导体材料，带隙值分别为 5.059eV、4.637eV 和 4.907eV。

3.6.2　压力对电学性质影响

众所周知，压力会改变材料的物理性质。一般而言，由于高压下原子间的间隙变小，导致电子的重叠度增加。此时，电子将不再属于单个原子或键，而是形成所谓的离域电子，这意味着材料高压下的带隙会减小，甚至出现金属化现象。根据经典能带理论，在高压作用下，晶格参数变小，布里渊区变大，能带变宽，导致能带隙减小。其中一个典型的例子就是金属氢[59]。另一方面，在高压下，电子的局域化可能伴随着成键和反键态的形成，导致价带能量降低，导带能量升高，此时出现带隙增大的现象。一个典型的例子就是金属钠的绝缘化[60]。实际体系中两种机制相互竞争并影响着材料的电学性质。

本小节研究了在 0~100GPa 压力范围内的 oP8-B₂CO、oP16-B₂CO 和 oC16-B₂CO 带隙随着压力变化的情况，如图 3-11 所示。因为杂化泛函 HSE06 运算体量太大，这里重在研究带隙随压力变化的关系趋势而非精确的带隙值，故此处采用常规算法。不难看出，随着压力的升高，oP8-B₂CO 和 oP16-B₂CO 的带隙均逐步增高，与金属钠的绝缘化机制类似。在这个研究压力范围内，oP8-B₂CO 带隙升高了 17.68%，升高幅度达 0.626eV，比 oP16-B$_2$CO 的带隙改变（0.232eV/7.34%）要大。而 oC16-B$_2$CO 在所研究压力范围内，带隙经历了先增大后降低的过程，说明其在压力升高的过程中先主要受到金属钠的绝缘化机制影响后受到金属氢机制影响。oC16-B$_2$CO 带隙最高值出现在 80GPa，带隙高达 3.821eV，升高了 11.98%。

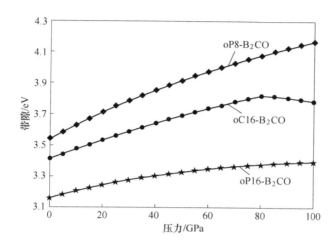

图 3-11　oP8-B$_2$CO、oP16-B$_2$CO 和 oC16-B$_2$CO 的带隙随压力变化关系

3.6.2.1　高压能带

随着压力的增大，成键态和反键态逐渐出现，导致价带的能量进一步降低，导带能量持续增加，价带向低能区扩展，导带向高能区扩展，材料的带隙随之增大。根据不同压力下的部分特定能带形貌，可以分析其对电子能带的影响。因此，选取了在 0GPa 时 oP8-B$_2$CO、oP16-B$_2$CO 和 oC16-B$_2$CO 三者电子能带结构的 CBM 所处能带和 CBM 所处能带为研究对象，研究其在不同压力下的形貌，如图 3-12 所示，其中所选价带的能量窗口（最高能量和最低能量之差）记为 ΔV，所选导带的能量窗口记为 ΔC。

对于 oP8-B$_2$CO 和 oP16-B$_2$CO，在 0~100GPa 范围内，所选导带的最低能量持续升高，导致其带隙宽度持续变大。在压力升高的过程中，价带和导带对应的 ΔV 和 ΔC 逐渐增大，这也意味着所选能带的能量窗口在高压下出现宽化的现象。这不是一个例外，而是一个整体趋势，在高压作用下所选价带和导带的能量范围都宽化。价带的能量变低，而导带的能量升高。至于 oC16-B$_2$CO，如图 3-12（c）所示，ΔC 随着压力升高而增大，预示着所选导带出现宽化。然而对于价带而言，ΔV 经历的升降历程变化不定，整体表现为出现宽化。

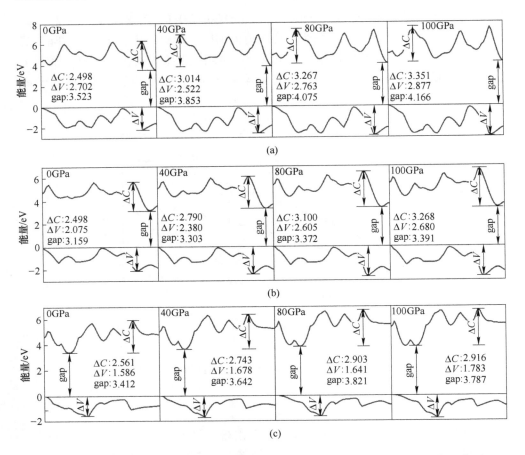

图 3-12　不同压力下 oP8-B_2CO（a）、oP16-B_2CO（b）和 oC16-B_2CO（c）的 VBM 和 CBM 所处能带图

（图中水平实线代表费米能级）

3.6.2.2　高压态密度

压力的影响也可以根据整个态密度（DOS）来分析。如图 3-13（a）和图 3-13（b）所示，对于 oP8-B_2CO 和 oP16-B_2CO，随着压力的增加，价带的能量窗口不断扩展至低能区，导带的能量窗口不断扩大到高能区。两者结构中价带态密度的峰值移至较低能量区，且导带态密度的峰值升至较高能量区，此外价带和导带的态密度峰值高度均降低，这也说明了能带在高压作用下出现宽化现象。

如图 3-13（c）所示，对于 oC16-B_2CO，在 0~80GPa 范围内价带（导带）的能量窗口不断扩大到更低（高）能量区域，同时价带（导带）对应态密度的峰值移至较低（较高）能量区，且峰值高度均降低。当压力继续升高时，整体的能量区域近乎不变，但是受导带峰值降低的影响，其能量区域向左宽化，导致体系的带隙值在 80GPa 以后出现降低的现象。

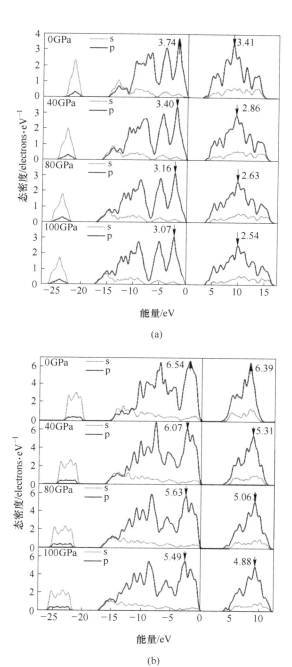

(a)

(b)

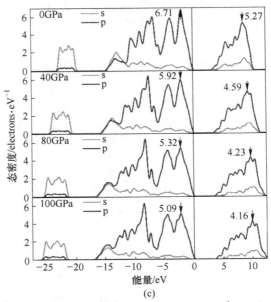

图 3-13　不同压力下 oP8-B₂CO（a）、oP16-B₂CO（b）和 oC16-B₂CO（c）的
电子能带态密度图

（图中垂直实线代表费米能级）

3.7　热力学性质

物质的热力学性质是指其处于平衡状态下压强、体积、温度、组成以及其他的热力学函数之间的变化规律。一般而言，CASTEP 计算都是在 0K 条件下执行，获得的性质也是绝对零度下的体系性质。要想了解材料在非 0K 下的热力学性质，可以基于声子振动及其态密度的研究，获取热力学性质如焓 H、熵 S、吉布斯自由能 G、晶格热容简称 C_V 与温度 T 之间的关系。Baroni 等人通过详细研究声子振动效应，提出了温度对热力学性质（如焓、熵、吉布斯自由能、晶格热容等）的贡献度算法[61]，具体见 2.7 节热力学性质部分式（2-6）~式（2-10）。

3.7.1　零点振动能

基于 oP8-B₂CO、oP16-B₂CO 和 oC16-B₂CO 的单胞模型计算所得三者零点振动能 E_{zp} 分别为 1.107eV、2.221eV 和 2.183eV。由于物质的能量与其结构中分子量有关，考虑到 oP16-B₂CO 和 oC16-B₂CO 单胞中均含有 4 倍 B₂CO 分子式，而 oP8-B₂CO 单胞中均只含有 2 倍 B₂CO 分子式，对于 3 种正交晶系 B₂CO 的单分子式的 E_{zp} 非常接近，约为 0.55eV，与 tP4-B₂CO 和 tI16-B₂CO 这两个正交晶系结构的单分子式 E_{zp} 非常吻合。其中对称性最高的 oC16-B₂CO 其单分子式 E_{zp} 最小，这也和 tI16-B$_2$CO 对称性较 tP4-B$_2$CO 高，其单分子式 E_{zp} 相对较 tP4-B$_2$CO 小的结果一致。

3.7.2　热力学物理量

这里研究了 0~2000K 温度范围内，oP8-B$_2$CO、oP16-B$_2$CO 和 oC16-B$_2$CO 三者热力学物理量如吉布斯自由能 G、熵 S、焓 H 与温度 T 之间的关系，如图 3-14 所示。鉴于熵是热量和温度之商，为了能对理论计算的能量值进行直观比较分

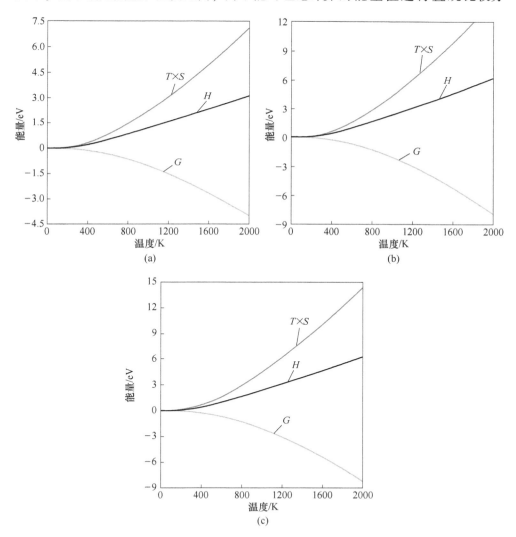

图 3-14　oP8-B$_2$CO（a）、oP16-B$_2$CO（b）和 oC16-B$_2$CO（c）的吉布斯
自由能 G、熵 S、焓 H 与温度 T 之间的关系

析，我们采用 $S \times T$ 的形式给出其能量形式。从图 3-14 可以看出，相同温度下三种正交晶系 B$_2$CO 结构的熵值近乎呈现 1:2:2 的关系，这主要受其单胞结构所含分子式体量大小影响。

研究 oP8-B$_2$CO、oP16-B$_2$CO 和 oC16-B$_2$CO 各自的吉布斯自由能 G、熵 S、焓 H、温度 T 之间的关系，发现三者结构的热力学物理量在任何温度下均满足 $G = H - T \times S$，这也与热力学关系吻合。同时发现在高温下，三者的分子式吉布斯自由能存在 $G(\text{oC16-B}_2\text{CO}) < G(\text{oP8-B}_2\text{CO}) < G(\text{oP16-B}_2\text{CO})$，如在 2000K 下，oP8-B$_2$CO 和 oP16-B$_2$CO 分别比 oC16-B$_2$CO 高 0.029eV 和 0.044eV。

3.7.3　热容

鉴于声子振动对热容也存在着巨大的影响，热容与温度的关系可通过式 (2-10) 计算。基于声子振动的研究，计算了 0~2000K 温度范围内，oP8-B$_2$CO、oP16-B$_2$CO 和 oC16-B$_2$CO 三者热容 C_V 与温度 T 之间的关系，如图 3-15（a）所示。

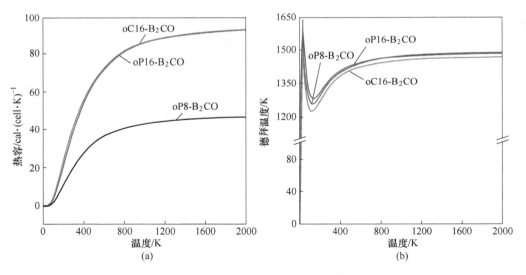

图 3-15　oP8-B$_2$CO、oP16-B$_2$CO 和 oC16-B$_2$CO 的热容 C_V（a）和
德拜温度 θ_D（b）与温度 T 之间的关系

oP8-B$_2$CO、oP16-B$_2$CO 和 oC16-B$_2$CO 三者单胞结构分别含有 2 倍、4 倍和 4 倍 B$_2$CO 分子式，因此三者的 1cal/(cell·K) 分别对应着 2.102J/(mol·K)、1.051J/(mol·K) 和 1.051J/(mol·K)。从图 3-15（a）可以看出低温时，三种正交晶系 B$_2$CO 的热容并不是一个恒量，在接近绝对零度时，热容按 T^3 的规律趋近于零。根据 20 世纪发现的两个有关晶体热容的经验定律：元素的热容定律和化合物的热容定律，前者阐明恒定压力下元素的原子热容与温度无关，为

25J/（mol·K），后者表明化合物的分子热容等效于构成此化合物各元素原子热容之和。其中大部分元素的原子热容都接近25J/（mol·K），特别是在高温时符合得更好。而高温时，三种正交晶系 B_2CO 化合物的热容均趋近于固定值100J/（mol·K）。这与热力学中元素的热容定律和化合物的热容定律一致。

3.7.4 德拜温度

热容实验数据的一种常用表示方法是将实际热容与德拜模型预测的热容进行比较。这使温度 T 依赖的德拜温度 θ_D 的概念被提出。德拜模型的热容由 Ashcroft 和 Mermin 提出[62]，具体计算见式（3-3）。

$$C_V^D(T) = 9N\kappa\,(T/\theta_D)^3 \int_0^{\theta_D T} \frac{x^4 e^x}{(e^x - 1)^2} dx \qquad (3-3)$$

式中，N 代表每个晶胞中含有的原子数目，因此先基于式（2-10）计算热容与温度的关系，然后代入式（3-3），即可获得德拜温度与温度之间的关系，并进一步求出给定温度（如室温）下的德拜温度。

0~2000 K 温度范围内，oP8-B_2CO、oP16-B_2CO 和 oC16-B_2CO 三者德拜温度 θ_D 与温度 T 之间的关系，如图 3-15（b）所示。可以看出，低温范围内德拜温度随温度剧增，而温度升高到 800K 以上高温时，德拜温度趋近于一个固定值，其中 oP8-B_2CO 和 oP16-B_2CO 的德拜温度高温恒量值相近，均高达 1480K，较 oC16-B_2CO 的德拜温度的高温恒量值高。

3.8 本章小结

通过结构搜索、手动建模等方式并结合第一性原理，提出了 3 个新型的 B_2CO 结构（oP8-B_2CO、oP16-B_2CO 和 oC16-B_2CO），其中 oP8-B_2CO 具有类蓝丝黛尔石结构，而 oP16-B_2CO 和 oC16-B_2CO 分别以 Cco-C8 和 Bct-C4 为模型通过元素置换衍生而成。基于第一性原理对弹性常数和声子色散谱的研究表明 oP8-B_2CO、oP16-B_2CO 和 oC16-B_2CO 在弹性力学和动力学上是稳定的。它们的生成焓是负的，且低于 B_2C_xO（$x = 2$，3，5），此外 oP8-B_2CO 和 oP16-B_2CO 的生成焓与 tP4-B_2CO 接近。这些形成焓的研究结果表明它们具有热力学稳定性。

基于键阻模型开展的三者的硬度预测，结果表明 oP8-B_2CO、oP16-B_2CO 和 oC16-B_2CO 均为超硬材料，硬度值分别为 47.70GPa、47.82GPa 和 46.22GPa。电子性质计算表明，新发现的 3 种正交晶系 B_2CO 超硬相均为间接带隙半导体，带隙分别为 5.059eV、4.637eV 和 4.907eV。在 0~100GPa 范围内，带隙与压力之间的关系表明，压力对 oP8-B_2CO、oP16-B_2CO 和 oC16-B_2CO 的带隙有明显的影响，其中 oP8-B_2CO 和 oP16-B_2CO 的带隙随压力升高而增大，oC16-B_2CO 的带隙先升高后下降。基于三种正交晶系 B_2CO 超硬相声子振动及其态密度的研究，获取了各自的零点振动能，对比发现同晶系结构中对称性高的结构其分子式振动能低。此外研究的不同温度下热力学性质（如焓、熵、吉布斯自由能、热容等）的具体数值，揭示了温度对热力学性质的影响关系。硼碳氧化合物良好的力学、热学、电学性质表明，其在工业应用和科学研究中具有广阔的前景。

参 考 文 献

[1] Haines J, Léger J M, Bocquillon G. Synthesis and design of superhard materials [J]. Annu. Rev. Mater. Res., 2001, 31: 1-23.

[2] Wentorf R H. Cubic Form of Boron Nitride [J]. The Journal of Chemical Physics, 1957, 26 (4): 956.

[3] Zinin P V, Ming L C, Ishii H A, et al. Phase transition in BC_x system under high-pressure and high-temperature: Synthesis of cubic dense BC_3 nanostructured phase [J]. J. Appl. Phys., 2012, 111: 114905.

[4] Solozhenko V L, Kurakevych O O, Andrault D, et al. Ultimate metastable solubility of boron in diamond: synthesis of superhard diamondlike BC_5 [J]. Phys. Rev. Lett., 2009, 102: 015506.

[5] Kobayashi M, Higashi I, Brodhag C, et al. Structure of B_6O boron-suboxide by Rietveld refinement [J]. J. Mater. Sci., 1993, 28: 2129-2134.

[6] Endo T, Sato T, Shimada M. High-pressure synthesis of B_2O with diamond-like structure [J]. J. Mater. Sci. Lett., 1987, 6: 683-685.

[7] Knittle E, Kaner R B, Jeanloz R, et al. High-pressure synthesis, characterization, and equation of state of cubic C-BN solid solutions [J]. Phys. Rev. B, 1995, 51: 12149-12156.

[8] Solozhenko V L, Andrault D, Fiquet G, et al. Synthesis of superhard cubic BC_2N [J]. Appl. Phys. Lett., 2001, 78: 1385-1387.

[9] Zhao Y, He D W, Daemen L L, et al. Superhard B-C-N materials synthesized in nanostructured bulks [J]. J. Mater. Res., 2002, 17: 3139-3145.

[10] Zhao Z, Xu B, Zhou X F, et al. Novel superhard carbon: C-centered orthorhombic C_8 [J]. Phys. Rev. Lett., 2011, 107: 215502.

[11] Hu M, Tian F, Zhao Z, et al. Exotic cubic carbon allotropes [J]. J. Phys. Chem. C, 2012, 116: 24233-24238.

[12] Ma M, Yang B, Li Z, et al. A metallic superhard boron carbide: first-principles calculations [J]. Phys. Chem. Chem. Phys., 2015, 17: 9748-9751.

[13] Luo X, Guo X, Xu B, et al. Body-centered superhard BC_2N phases from firstprinciples [J]. Phys. Rev. B, 2007, 76: 094103.

[14] Liu A Y, Cohen M L. Prediction of new low compressibility solids [J]. Science, 1989, 245: 841-842.

[15] Grumbach M P, Sankey O F, McMillan P F. Properties of B_2O: An unsymmetrical analog of

carbon [J]. Phys. Rev. B, 1995, 52: 15807-15811.

[16] Li Q, Chen W J, Xia Y, et al. Superhard phases of B_2O: An isoelectronic compound of diamond [J]. Diam. Relat. Mater. , 2011, 20: 501-504.

[17] Hubert H, Garvie L A J, Devouard B, et al. High-pressure, high-temperature syntheses of super-hard α-rhombohedral boron-rich solids in the BCNO [C]. Mat. Res. Soc. Symp. Proc, 1998, 499: 315~320.

[18] Bolotina N B, Dyuzheva T I, Bendeliani N A. Atomic structure of boron suboxycarbide B (C, O)$_{0.155}$ [J]. Crystallogr. Rep. , 2001, 46: 734-740.

[19] Li Y, Li Q, Ma Y. B_2CO: A potential superhard material in the B-C-O system [J]. EPL (Europhysics Letters), 2011, 95: 66006.

[20] Zhang M, Yan H, Zheng B, et al. Influences of carbon concentration on crystal structures and ideal strengths of B_2C_xO compounds in the BCO system [J]. Sci. Rep. , 2015, 5: 15481.

[21] Wang S, Oganov A R, Qian G, et al. Novel superhard B-C-O phases predicted from first principles [J]. Phys. Chem. Chem. Phys. , 2016, 18: 1859-1863.

[22] Hubert H, Devouard B, Garvie L A J, et al. Icosahedral packing of B_{12} icosahedra in boron suboxide B_6O [J]. Nature, 1998, 391: 376-378.

[23] Dong H, Oganov A R, Wang Q, et al. Prediction of a new ground state of superhard compound B_6O at ambient conditions [J]. Sci. Rep. , 2016, 6: 31288.

[24] Chen M, McCauley J W, Hemker K J. Shock-induced localized amorphization in boron carbide [J]. Science, 2003, 299: 1563-1566.

[25] Wang Y C, Lv J A, Zhu L, et al. Crystal structure prediction via particle-swarm optimization [J]. Phys. Rev. B, 2010, 82: 094116.

[26] Wang Y C, Lv J, Zhu L, et al. CALYPSO: A method for crystal structure prediction [J]. Comput. Phys. Commun. , 2012, 183: 2063-2070.

[27] Wang H, Wang Y C, Lv J, et al. CALYPSO structure prediction method and its wide application [J]. Comput. Mater. Sci. , 2016, 112: 406-415.

[28] Oganov A R, Glass C W. Crystal structure prediction using ab initio evolutionary techniques: Principles and applications [J]. J. Chem. Phys. , 2006, 124: 244704.

[29] Oganov A R, Lyakhov A O, Valle M. How evolutionary crystal structure prediction works-and why [J]. Acc. Chem. Res. , 2011, 44: 227-237.

[30] Lyakhov A O, Oganov A R, Stokes H T, et al. New developments in evolutionary structure prediction algorithm USPEX [J]. Comput. Phys. Commun. , 2013, 184: 1172-1182.

[31] Wang D Y, Yan Q, Wang B. , et al. Predicted boron-carbide compounds: A first-principles study [J]. J. Chem. Phys. , 2014, 140: 224704.

[32] Zhang X, Wang Y, Lv J, et al. First-principles structural design of superhard materials [J]. J. Chem. Phys. , 2013, 138: 114101.

[33] Liu C, Zhao Z S, Luo K, et al. Superhard orthorhombic phase of B_2CO compound [J]. Diam. Relat. Mater. , 2017, 73: 87-92.

[34] Clark S J, Segall M D, Pickard C J, et al. First principles methods using CASTEP [J]. Z. Krist. Cryst. Mater. , 2005, 220: 567-570.

[35] Perdew J P, Zunger A. Self-interaction correction to density-functional approximations for many-electron systems [J]. Phys. Rev. B, 1981, 23: 5048-5079.

[36] Ceperley D M, Alder B J. Ground state of the electron gas by a stochastic method [J]. Phys. Rev. Lett. , 1980, 45: 566-569.

[37] Monkhorst H J, Pack J D. Special points for Brillouin-zone integrations [J]. Phys. Rev. B, 1976, 13: 5188-5192.

[38] Pfrommer B G, Côté M. , Louie S G, et al. Relaxation of crystals with the quasi-Newton method [J]. J. Comput. Phys. , 1997, 131: 233-240.

[39] Baroni S, Giannozzi P, Testa A. Green's-function approach to linear response in solids [J]. Phys. Rev. Lett. , 1987, 58: 1861-1864.

[40] Giannozzi P, Gironcoli S, Pavone P, et al. Ab initio calculation of phonon dispersions in semiconductors [J]. Phys. Rev. B, 1991, 43: 7231-7242.

[41] Roundy D, Krenn C, Cohen M L, et al. Ideal shear strengths of fcc aluminum and copper [J]. Phys. Rev. Lett. , 1999, 82: 2713.

[42] Roundy D, Krenn C, Cohen M L, et al. The ideal strength of tungsten [J]. Philos. Mag. A, 2001, 81: 1725-1747.

[43] Karki B B, Ackland G J, Crain J. Elastic instabilities in crystals from ab initio stress-strain relations [J]. J. Phys. : Condens. Matter, 1997, 9: 8579.

[44] Krenn C R, Roundy D, Morris J W, et al. Ideal strengths of bcc metals [J]. Mat. Sci. Eng. A, 2001, 319: 111-114.

[45] Frondel C, Marvin U B. Lonsdaleite, a hexagonal polymorph of diamond [J]. Nature, 1967, 214: 587-589.

[46] Pan Z, Sun H, Zhang Y, et al. Harder than diamond: superior indentation strength of wurtzite BN and lonsdaleite [J]. Phys. Rev. Lett. , 2009, 102: 055503.

[47] Zhou X F, Qian G R, Dong X A, et al. Ab initio study of the formation of transparent carbon under pressure [J]. Phys. Rev. B, 2010, 82: 134126.

[48] Wu Z, Zhao E, Xiang H, et al. Crystal structures and elastic properties of superhard IrN₂ and IrN₃ from first principles [J]. Phys. Rev. B, 2007, 76: 054115.

[49] Mouhat F, Coudert F. Necessary and sufficient elastic stability conditions in various crystal systems [J]. Phys. Rev. B, 2014, 90: 224104.

[50] Decker B F, Kasper J S. The crystal structure of a simple rhombohedral form of boron [J]. Acta Crystallogr. , 1959, 12: 503-506.

[51] Freiman Y A, Jodl H. -J. Solid oxygen [J]. Phys. Rep. , 2004, 401: 1-228.

[52] Birch F. The effect of pressure upon the elastic parameters of isotropic solids, according to Murnaghan's theory of finite strain [J]. J. Appl. Phys. , 1938, 9: 279-288.

[53] Ross M, Young D A. Theory of the equation of state at high pressure [J]. Annu. Rev. Phys.

Chem. , 1993, 44: 61-87.

[54] Cohen R E, Gülseren O, Hemley R J. Accuracy of equation-of-state formulations [J]. Am. Mineral. , 2000, 85: 338-344.

[55] Gao F, He J, Wu E, et al. Hardness of covalent crystals [J]. Phys. Rev. Lett. , 2003, 91: 015502.

[56] Tian Y J, Xu B, Zhao Z S. Microscopic theory of hardness and design of novel superhard crystals [J]. Int. J. Refract. Met. H. , 2012, 33: 93-106.

[57] He J, Wu E, Wang H, et al. Ionicities of boron-boron bonds in B_{12} icosahedra [J]. Phys. Rev. Lett. , 2005, 94: 015504.

[58] Zhang Y, Sun H, Chen C. Atomistic deformation modes in strong covalent solids [J]. Phys. Rev. Lett. , 2005, 94: 145505.

[59] Dias R P, Silvera I F. Observation of the Wigner-Huntington transition to metallic hydrogen [J]. Science, 2017, 355: 715-718.

[60] Ma Y, Eremets M, Oganov A R, et al. Transparent dense sodium [J]. Nature, 2009, 458: 182-185.

[61] Baroni S, de Gironcoli S, Dal Corso A, et al. Phonons and related crystal properties from density-functional perturbation theory [J]. Rev. Mod. Phys. , 2001, 73: 515-562.

[62] Ashcroft N W, Mermin N D. Solid state physics (Saunders College, Philadelphia) [J]. Appendix N, 1976.

4 sp^2-sp^3杂化共存型 B_2CO 高硬结构

4.1 概述

从某种意义上来讲,材料的结构决定了材料的性质。例如,碳材料的两种常见同素异形体金刚石和石墨具有完全相反的性质:金刚石无色透明、超硬、不导电;石墨黑色不透明、柔软滑腻、导电。因此结构的设计在材料研究领域扮演着重要角色,尤其是硬质材料的研究。

作为具有强 sp^3 杂化共价键的典型高硬乃至超硬材料[1],自从实验上成功合成出非化学计量比的B-C-O化合物[2~4],如 $B(C,O)_{0.155}$、$B_6C_{1.1}O_{0.33}$ 和 $B_6C_{1.28}O_{0.31}$,B-C-O系列化合物开始吸引着越来越多的关注。合成样品中不确定的微观结构和原子信息严重限制了B-C-O化合物力学性质的开发以及其在工业上的应用。随后科研人员将研究焦点转向B-C-O化合物的理论研究,并取得了巨大的成就[5]。

鉴于B-C-O化合物体系繁多,李印威等人[6]以具有与金刚石等电子的最简配比B-C-O化合物 B_2CO 为研究对象,结合结构预测程序和第一性原理方法成功提出了两种四方晶系超硬相,分别为tP4-B_2CO 和tP16-B_2CO。这两种 B_2CO 超硬相中所有原子都是与周边 4 个原子以 sp^3 方式成键形成四面体[7]。tP4-B_2CO 和tP16-B_2CO 都是半导体,且具有与金刚石相似的构型。随后通过 CALYPSO[8],提出了正交晶系的 B_2CO (记为oP8-B_2CO),oP8-B_2CO 具有与蓝丝黛尔石相似的结构模型。与tP4-B_2CO 和tP16-B_2CO 一样,oP8-B_2CO 也是具有超硬属性的半导体材料[7]。

在李印威报告之后,张美光等人展开了对富碳的B-C-O化合物 B_2C_xO 的研究[9],B_2C_xO 也是一类具有与金刚石等电子体的B-C-O化合物。基于理论研究,张美光等人提出了三种 B_2C_xO 相:I4$_1$/amd-B_2C_2O(4f. u. /cell),$\overline{I}$4m2-B_2C_3O(2 f. u. /cell) 和 P$\overline{4}$m2-B_2C_5O(1 f. u. /cell)。所有 B_2C_xO 超硬相均属于四方晶系结构,并且结构中所有原子都是 4 配位的环境,它们均形成 sp^3 杂化共价键。事实上上述 3 种超硬 B_2C_xO 相都能通过 tP4-B_2CO 超胞结构中按照一定比例 C 原子替换 O 和 B 原子而获得。例如从 tP4-B_2CO(1×1×2) 超胞中通过用碳原子替换 2 个处于 2g 位置的 B 原子和 1 个处于 1c 位置的 O 原子即可获得 P$\overline{4}$m2-B_2C_5O。

比较这些 B_2CO 相和富碳的 B_2C_xO 相发现 sp^3 杂化 C—C 共价键数目及占比随着碳含量的增加而增加，进而导致体系力学性质如硬度的升高。

考虑到那些由近邻元素构成的具有相同结构的材料一般都具有相似的力学性质。例如，金刚石和立方氮化硼都具有面心立方结构，组分上硼、碳、氮元素属同一周期的近邻元素，二者均为典型的超硬材料和半导体材料。鉴于上述报道的 B-C-O 化合物超硬相均有类似于超硬碳材料如金刚石、蓝丝黛尔石的结构，并且 B、C、O 元素属同一周期近邻元素，以其他具有高硬度的碳结构为模型，通过手动建模结合第一性原理研究的方式，成功提出了两种具有正交晶系的 B_2CO 超硬相（oP16-B_2CO 和 oC16-B_2CO）[10]。oP16-B_2CO 是 primitive-centered（简单正交）结构，单胞含 4 倍分子式，该结构具有 Cco-C8 相似的构型。而 oC16-B_2CO 是 C-centered（底心正交）（0.5，0.5，0）结构，单胞也是具有 4 倍分子式，该结构具有与 Bct-C4 相似的构型。然而 B_2CO 在基态下最稳定的结构至今未解。经过持续不断的努力，B_2CO 基态下最稳定结构终于被发掘了[11]，该结构是含有 4 倍分子式的体心正交结构，记为 oI16-B_2CO。oI16-B_2CO 是通过 sp^2 杂化和 sp^3 杂化混存的 B—C 和 B—O 形成的，结构中 sp^3 杂化成键并形成配位多面体关系的有 [CB4] 和 [BO2C2] 四面体，而 sp^2 杂化成键形成的平面三角构型的是 [OB3] 和 [BO1C2]，这些都与先前报道的 B_2CO 相有着本质区别。

科研人员对 B-C-O 化合物中与金刚石呈非等电子体的化合物也进行了广泛研究，并取得了显著成就[12~15]。其中最典型的一项研究就是提出四方晶系的 B_4CO_4 作为一种潜在超硬相[12]。不同于先前所报道的 B-C-O 超硬相，结构中 O 原子与周边三个近邻 B 原子构成配位环境[16]。鉴于结构中存在一个巨大的贯穿孔洞，该四方晶系 B_4CO_4 的"超硬"属性值得进一步探讨。通过理论研究结构的应力-应变关系，模拟 B_4CO_4 结构的主晶轴方向理想拉伸和剪切强度，发现 B_4CO_4 在 [001][100] 滑移系存在着最弱的理想剪切强度 27.5GPa，这说明该四方晶系 B_4CO_4 本质上不是超硬材料而是高硬材料[17]。

由于 B 的 3 配位环境比 4 配位环境导致含 B 化合物在能量等多方面各不相同[18]，同时受到 B_2CO 在基态下稳定相及其独特的 sp^2-sp^3 共存于 B—C 及 B—O 的结构特征启发，试图找到其他具有较低能量和较高硬度的 B_2CO 化合物结构。通过 USPEX 结构预测程序，产生了大量的 B_2CO 构型。通过严格的结构稳定性分析，包括热力学稳定性、弹性力学稳定性和动力学稳定性，最终发现了一种新型四方晶系的 B_2CO 结构。该结构也具有 sp^2-sp^3 共存于 B—C 及 B—O 的结构特征，为此，本章将 oI16-B_2CO 和新发现的 B_2CO 结构一起对比介绍。基于密度泛函理论计算，系统地介绍新型四方 B_2CO 结构的电学性质、力学性质及其各向异性，同时也详述了其在高压下结构变形及压力对性质的影响机制。

4.2　计算方法

正因结构预测在材料发掘与设计方面扮演了重要角色[19]，因此采用进化的结构预测算法 USPEX[20]，在常压条件下产生潜在的 B_2CO 多晶型结构。紧接着的结构优化是基于密度泛函理论在 CASTEP 模块中执行的[21]。交换关联泛函采用的是广义梯度近似（Generalized gradient approximation，简称 GGA）的 Perdew-Burke-Ernzerhof（简记为 PBE）函数[22]。为了确保计算收敛精度在 1meV 内，采用了超软赝势[23]，其截断能为 380eV。计算中的 K 点是通过 Monkhorst-Pack 网格划分产生的[24]，网格划分密度为 $2\pi \times 0.04\text{Å}^{-1}$。在整个结构优化过程中，电子自洽循环采用的是密度混合机制，而离子步循环一直进行直到同时满足前后离子步中原子能量差小于 5×10^{-3} meV，原子力张量低于 0.01eV/Å，原子前后位移差不超过 5×10^{-4} Å，应力不超过 20MPa。

声子色散研究采用有限位移的方法[25]。通过使用应力应变的方法，在 9 步应变、最大应变 0.003 的条件下计算了弹性力学参数矩阵。整个研究过程是基于 B_2CO 多晶型结构的单胞进行的，布里渊区[26]高对称点路径为 $Z \rightarrow A \rightarrow M \rightarrow G \rightarrow Z \rightarrow R \rightarrow X \rightarrow G$，高对称点坐标分别为 $Z(0, 0, 0.5)$、$A(0.5, 0.5, 0.5)$、$M(0.5, 0.5, 0)$、$G(0, 0, 0)$、$R(0, 0.5, 0.5)$ 和 $X(0, 0.5, 0)$。理想强度的计算是在施加应变的方向上，控制特定的应变量，并在每一步同时松弛其他应变分量和单元内的原子。

考虑到与实验测得带隙值相比，GGA-PBE 计算结果常常明显低估材料的带隙[27]，因此为了获得新型四方 B_2CO 结构在室压下的精准电子能带结构情况，也采用杂化泛函 HSE06[28]来进行计算。在单胞执行计算 HSE06 的过程中采用的是模守恒赝势[29]。考虑到 HSE06 计算非常耗时，在研究压力与带隙关系时还是采用传统的 GGA-PBE 算法。

4.3　晶体结构

通过设定 B：C：O = 2：1：1 的化学式组成，在变胞条件下预测提出了一种新型 B_2CO 结构，该结构室压下的模型如图 4-1（a）所示。新型 B_2CO 结构是 primitive-centered（简单正交）四方晶系结构，晶族为 4/m，空间群为 $P4_2/m$，单胞含 4 倍分子式，故而依据皮尔逊符号，记为 tP16-B_2CO。室压下 tP16-B_2CO 的晶格参数为 $a = 5.838$ Å，$c = 2.609$ Å，其结构中存在 4 类非等效位点，其原子 Wyckoff 坐标分别为 B1（0.122, 0.788, 0）、B2（0.706, 0.502, 0.5）、C（0.387, 0.275, 0.5）和 O（0.787, 0.002, 0）。

如图 4-1（a）所示，O 原子与 B1 原子通过 sp^2 杂化方式形成共价键，随后 1：1 原子比的 B1：O 原子构成一个准四方柱，记为 B1—O 柱。B2 原子与周边 C

原子以 sp^2 杂化形式形成共价键，此时等原子比的 B2 原子与 C 原子构成一个准四方柱，这里称为 B2—C 柱。B2—C 柱中的原子角度 ∠B2-C-B2 = 96.85°，这里把该角度简称为 A1。如图 4-1 所示，B2—C 柱的对角线长度 L1 长达 3.440Å，比 B1—O 柱的对角线 L2（3.348Å）略长一点，较长的对角线长度 L1 和 L2 说明 B2—C 柱和 B1—O 柱都有较大的贯穿通道。B2—C 柱和 B1—O 柱是通过 B1 原子与 C 原子形成 sp^3 杂化共价键而连接起来的，连接角度 ∠O-B1-C 为 115.76°，记为 A2。tP16-B_2CO 结构中 B1—O 柱与 B2—C 柱相间连接，两个 B1—O 柱与两个 B2—C 柱连接的过程中形成一个大的贯穿通道。

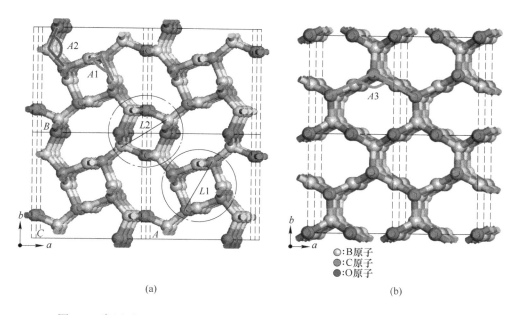

(a)　　　　　　　　　　　　　　　　(b)

○：B原子
○：C原子
●：O原子

图 4-1　常压下 tP16-B_2CO(a) 和 oI16-B_2CO(b) 超胞（2×2×2）结构示意图

　　同时也给出了 oI16-B_2CO 的结构模型及结构参数，分别如图 4-1（b）和表 4-1 所示。与 tP16-B_2CO 结构中存在典型的扭曲不同，oI16-B_2CO 具有体心对称的特点，存在着单一形状和大小的空隙结构。如图 4-1（b）所示，选取原子链夹角 ∠C-C-C 记为角 3（A3）。在后续的结构演化过程中，将详细研究 A1、A2 和 A3 的变化。

　　不同于以前报道的 B_2CO 化合物（tP4、tI16、oP8、oC16 和 oP16）结构中所有原子都呈四配位关系，且与周边原子以 sp^3 杂化形式成键，这里新发现的 tP16-B_2CO 结构中只有 B1 原子与周边 1 个 C 原子和 3 个 O 原子形成四配位关系，B2 原子与周边 3 个近邻 C 原子呈三角形三配位关系，这就导致 tP16-B_2CO 与 oI16-B_2CO 结构中都存在 sp^2 和 sp^3 混合的配位环境。

表 4-1　B₂CO 已知相的空间群（S. G.）、晶格参数、密度和原子 Wyckoff 坐标

结构类型	空间群	晶格参数			密度 ρ /g·cm^{-3}	原子 Wyckoff 坐标
		a/Å	b/Å	c/Å		
tP16	P42/m	6.838	—	2.609	2.702	B1(0.122,0.788,0);B2(0.706,0.502,0.5);C(0.387,0.275,0.5);O(0.787,0.002,0)
oI16	Ima2	4.862	5.914	4.369	2.624	B1(0.25,0.375,0.311);B2(0,0,0.294);C(0.25,0.112,0.450);O(0,0,0.966)
tP4	P$\bar{4}$m2	2.657	—	3.681	3.172	B(0,0.5,0.227);C(0,0,0);O(0.5,0.5,0.5)
tI16	I$\bar{4}$2d	3.722	—	7.494	3.174	B(0.272,0.75,0.625);C(0,0,0);O(0.5,0.5,0)
oP8	Pmc21	2.651	4.512	4.361	3.158	B1(0.5,0.324,0.252);B2(0.150,0.724,0);C(0.826,0.861,0);O(0.5,0.664,0.361)
oC16	Cmmm	6.278	6.507	2.639	3.057	B1(0,0.186,0.5);B2(0.837,0.5,0);C(0,0.308,0);O(0.683,0.5,0.5)
oP16	Pbam	9.008	4.428	2.644	3.125	B1(0.823,0.176,0.5);B2(0.910,0.694,0);C(0.341,0.683,0.5);O(0.409,0.180,0)

　　结构中存在由 sp² 和 sp³ 混存的键合环境导致结构内存在贯穿通道，因而 tP16-B₂CO 具有相对较低的密度，其密度计算值为 2.702g/cm³，这与 oI16-B₂CO 的密度相似（这里计算值为 2.624g/cm³，与先前报道 2.616g/cm³ 非常接近）[11]。如表 4-1 中所列，tP16-B₂CO 结构的密度远小于那些由 sp³ 键合环境形成的 B₂CO 相。

4.4　稳定性分析

　　作为新发现的结构，其热力学、弹性力学和动力学三方面的稳定性都必须考虑到。

4.4.1　热力学稳定性

　　首先，在 0~100GPa 条件下优化了所有已知 B₂CO 相，随后在不同高压下研究了它们的能量关系。0~100GPa 范围内 B₂CO 多晶型结构相对于 tI16 型结构的焓压关系如图 4-2（a）所示，图 4-2（a）中子图给出的是 0~20GPa 压力范围内的局部放大图。不出意外的，先前报道的基态结构 oI16-B₂CO 在常压下具有明显的能量优势，这和闫海燕等人的研究结果非常吻合[11]。常压下 tP16-B₂CO 与

oI16-B$_2$CO 高压稳定相 tI16-B$_2$CO[6] 相比具有 31meV 的能量优势，这说明 tP16-B$_2$CO 能以亚稳相的形式在常压下存在，也即证明了结构稳定性。此外，也能从内能与体积的关系中的出相似的结论，如图 4-2（b）所示。相较于其他 B$_2$CO 多晶型结构，oI16-B$_2$CO 能量上具有明显的优势，而与 B$_2$CO 典型高压相 tI16-B$_2$CO 相比，tP16-B$_2$CO 能量上存在着细微的优势。

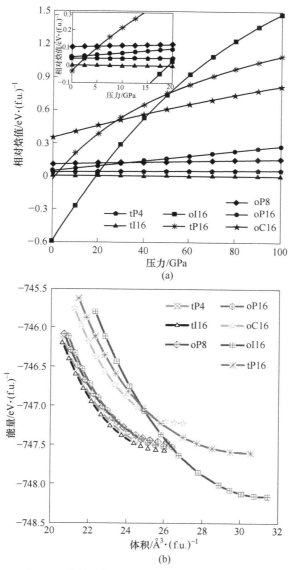

图 4-2　0~100GPa 下 B$_2$CO 多晶型结构相对于 tI16-B$_2$CO 结构的焓压图（a）和 B$_2$CO 多晶型结构总能量与体积的关系（b）

4.4.2　弹性力学稳定性

随后计算了常压下 tP16-B₂CO 和 oI16-B₂CO 的弹性力学参数矩阵，并以此检验其弹性力学稳定性。对于具有 4/m 晶族的四方晶系和具有 mm2 晶族的正交晶系，其弹性力学稳定性可由 Born 判据[30]对独立弹性常数进行校验，具体判据形式分别见式（4-1）和式（4-2）。

4/m：

$$C_{11} > |C_{12}|;\quad C_{44} > 0;\quad 2C_{13}^2 < C_{33}(C_{11} + C_{12});\quad 2C_{16}^2 < C_{66}(C_{11} - C_{12})$$

$$(4\text{-}1)$$

mm2：

$$C_{ii} > 0(i = 1,\ 4,\ 5,\ 6);\quad C_{11}C_{22} > C_{12}^2;$$

$$C_{11}C_{22}C_{33} + 2C_{12}C_{13}C_{23} - C_{11}C_{23}^2 - C_{22}C_{13}^2 - C_{33}C_{12}^2 > 0$$

$$(4\text{-}2)$$

这里以 tP16-B₂CO 和 oI16-B₂CO 的单胞为结构模型，计算所得弹性力学参数矩阵分别如（6×6）矩阵 **a** 和矩阵 **b** 所示，数值单位为 GPa。弹性力学矩阵是关于主对角线对称分布的，其中左下部非零的数据用省略符号"……"表示，空白单元代表零。

247.96	65.09	44.46			27.31
……	247.96	44.46			−27.31
……	……	694.00			
			144.49		
				144.49	
……	……				80.79

矩阵 **a**

451.47	180.36	78.88			
……	265.91	54.34			
……	……	770.00			
			160.86		
				230.06	
					144.91

矩阵 **b**

从弹性力学参数矩阵 **a** 中可以看出，所有的独立弹性常数 C_{ij} 均满足式（4-1），这证明了 tP16-B₂CO 的弹性力学稳定性。同时观察弹性力学参数矩阵 **b**，可见所有的独立弹性常数计算值与闫海燕等人的计算结果非常接近[11]，也均满足式（4-2），这也说明 oI16-B₂CO 结构的弹性力学稳定性。

4.4.3　动力学稳定性

随后研究了 tP16-B₂CO 和 oI16-B₂CO 两者结构在常压下整个布里渊区的声子散射及其对应的声子态密度，分别如图 4-3（a）和 4-3（b）所示，没有振动虚频的存在，表明了 tP16-B₂CO 和 oI16-B₂CO 结构的动力学稳定性。tP16-B₂CO 和 oI16-B₂CO 两者结构在常压下有着非常接近且较高的最大声子振动频率，分别为 38.8THz 和 40THz，这也和闫海燕等人研究的 oI16-B₂CO 振动频率吻合[11]。

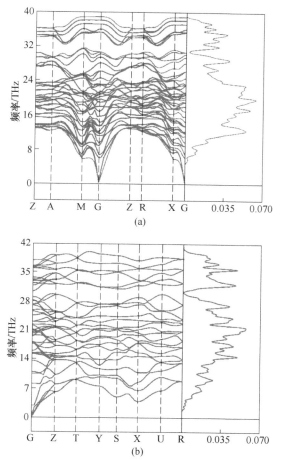

图 4-3　常压下 tP16-B$_2$CO（a）和 oI16-B$_2$CO（b）声子振动及其对应的声子态密度

4.5　结构演化

作为一个重要的物理变量，压力影响着材料的原子堆积状态并改变着材料的晶体结构。由于 tP16-B$_2$CO 和 oI16-B$_2$CO 结构中都存在较大的结构间隙，随着压力的增大，原子的位置会发生改变，导致结构的晶格参数也发生变化，进而影响晶体结构的理论密度和原子链夹角。

这里研究了 tP16-B$_2$CO 和 oI16-B$_2$CO 在 0～100GPa 范围内晶格参数随着压力的变化关系，分别如图 4-4（a）和 4-4（b）所示。显而易见，随着压力升高，tP16-B$_2$CO 的晶格参数 a 和 c 均减小，分别为 0.950Å，13.90% 和 0.139Å，5.33%。这与结构中存在贯穿孔道方向有关，也说明其 [0 0 1] 方向比 [1 0 0] 方向更抗压缩变形。至于 oI16-B$_2$CO，情况较为复杂：在压力作用下，晶格参数

b 和 c 均减小，其中 b 减小幅度最大（1.483Å，25.08%），c 减小幅度为 0.270Å，6.18%；而对于 a 轴，随着压力增加，a 经历了一个先减小后增大的变化过程。

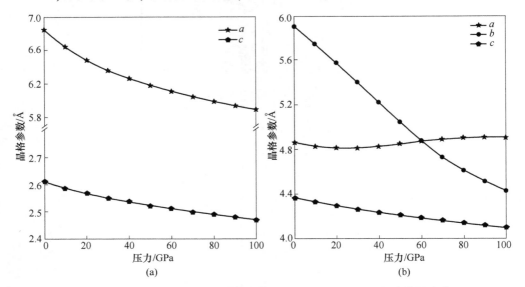

图 4-4   0~100GPa 内 tP16-B₂CO（a）和 oI16-B₂CO（b）晶格参数的演化

原子链夹角∠B2-C-B2（$A1$）、∠O-B1-C（$A2$）和∠C-C-C（$A3$）在压力作用下的变化，如图 4-5 所示。于 tP16-B₂CO 而言，随着压力升高，原子链角 $A1$ 增大（3.628°，3.75%）而 $A2$ 减小（10.383°，8.97%）；对于 oI16-B₂CO 而言，原子链角 $A3$ 随着压力增大而显著增大，幅度高达 34.709°，28.26%。这些角度的变化直观的表明随着压力升高，原子相对位置发生变化。原子角度的调整导致那些贯穿孔道变得越来越小，结构也就越来越致密。

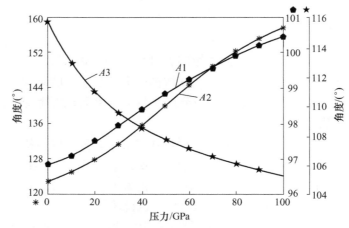

图 4-5   0~100GPa 内 tP16-B₂CO（$A1$, $A2$）和 oI16-B₂CO（$A3$）原子夹角的演化

一般而言，随着压力的升高，原子位置的调整，晶格参数改变，物质的密度会增大。在 0~100GPa 压力范围内，tP16-B_2CO 和 oI16-B_2CO 两者的理论密度变化情况，如图 4-6 所示。随着压力的升高，tP16-B_2CO 和 oI16-B_2CO 两者压力均增大，分别为 1.148g/cm^3，42.49%和 1.074g/cm^3，40.93%。

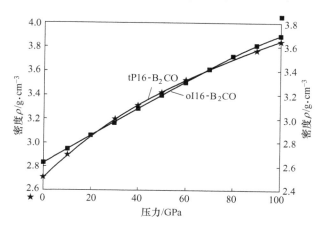

图 4-6 0~100GPa 内 tP16-B_2CO（a）和 oI16-B_2CO（b）理论密度的演化

4.6 电学性质

4.6.1 常压电学性质

tP16-B_2CO 和 oI16-B_2CO 两者结构在常压下沿整个布里渊区高对称点路径的电子结构能带情况，如图 4-7（a）和 4-7（b）所示。这里记价带最高点为 VBM，导带最低点为 CBM。从图 4-7（a）中发现，VBM 处于 M 点而 CBM 处于 X 点，这表明 tP16-B_2CO 是间接带隙的半导体材料。VBM 和 CBM 被带隙宽度为 1.881eV 的禁带隔开。从图 4-7（b）中发现，oI16-B_2CO 的 VBM 和 CBM 分别处于 G 点和 U 点，两者纵坐标差值为 3.660，这表明 oI16-B_2CO 是间接带隙半导体，带隙宽度达 3.660eV。

鉴于 GGA-PBE 常常低估带隙[27]，因此也采用杂化泛函 HSE06[28] 来计算 tP16-B_2CO 和 oI16-B_2CO 在常压下更精确的电子能带结构，如图 4-8 所示。基于 HSE06 的计算揭示了 tP16-B_2CO 是宽带隙半导体，禁带宽度为 3.454eV。VBM 和 CBM 分别落在 M 点和 X 点，这和基于 GGA-PBE 计算情况一致，也即说明 tP16-B_2CO 是间接带隙的半导体。而 oI16-B_2CO 依旧是间接带隙半导体，带隙宽度高达 5.341eV，明显高于 tP16-B_2CO 的带隙值。这也与基于 GGA 计算方法得到的结论一致。

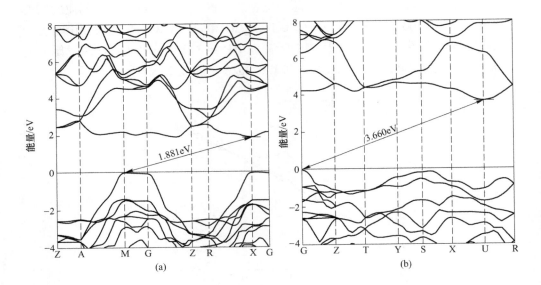

图 4-7   基于 GGA 算法计算所得常压下 tP16-B₂CO（a）和 oI16-B₂CO（b）

电子能带结构

（水平实线代表费米能级）

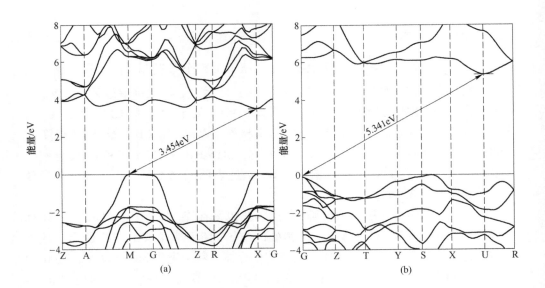

图 4-8   基于 HSE06 算法计算所得常压下 tP16-B₂CO（a）和 oI16-B₂CO（b）

电子能带结构

（水平实线代表费米能级）

4.6.2 高压对电学性质的影响

压力可以显著材料的电学性质。一般而言，高压下原子间的间隙变小，导致电子的重叠度增加。此时，电子将不再属于单个原子或键，而是形成所谓的离域电子，这意味着材料高压下的带隙会减小，甚至出现金属化现象。根据经典能带理论，在高压作用下，晶格参数变小，布里渊区变大，能带变宽，导致能带隙减小。其中一个典型的例子就是金属氢[31]。另一方面，在高压下，电子的局域化可能伴随着成键和反键态的形成，导致价带能量降低，导带能量升高，此时出现带隙增大的现象。一个典型的例子就是金属钠的绝缘化[32]。实际体系中两种机制相互竞争并影响着材料的电学性质。

鉴于压力对材料电学性质的巨大影响，研究了 $tP16-B_2CO$ 和 $oI16-B_2CO$ 在常压到 100GPa 高压范围内的电子能带结构，如图 4-9 所示。基于杂化泛函如 HSE06 等方法的计算非常耗时，为此依旧采用 GGA 算法来获取带隙与压力之间的关系规律。

如图 4-9 所示，压力影响 $tP16-B_2CO$ 和 $oI16-B_2CO$ 电学性质的过程中存在两种相反的机制：随着压力增大，$tP16-B_2CO$ 和 $oI16-B_2CO$ 两者带隙都出现了先增大后减小的情况。对 $tP16-B_2CO$ 而言，在 70GPa，带隙取得最大值 2.662eV，增幅达 0.781eV，41.52%，随后带隙缓慢下降。从 70GPa 到 100GPa，共下降 0.037eV，降幅 1.39%。而 $oI16-B_2CO$ 在 50GPa 就达到带隙最大值 4.809eV，此时带隙增幅达 1.149eV，31.39%。随后带隙显著下降，从 50GPa 到 100GPa，共下降 0.863eV，降幅 17.94%。这说明 $tP16-B_2CO$ 和 $oI16-B_2CO$ 在压力作用下，带隙改变程度大有不同。

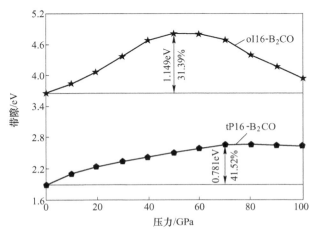

图 4-9 $tP16-B_2CO$ 和 $oI16-B_2CO$ 的带隙随压力变化关系

压力对电学性质的影响可以通过给定压力下结构的特定电子能带结构说明。因此选择 CBM 和 VBM 所处的能带作为研究对象，分析了 tP16-B₂CO 和 oI16-B₂CO 在 0GPa、40GPa、70GPa 和 100GPa 下的形貌情况，分别如图 4-10 和图 4-11 所示。

4.6.2.1　tP16-B₂CO 高压能带

把导带的最高值与最低值之差记为 ΔC，价带的能量差记为 ΔV。随着压力的升高，成键态和反键态逐步出现，导致导带的高能化和价带的低能化，导带往更高能量区域扩展而价带则朝更低能量区域移动。

如图 4-10 所示，在 0～100GPa 压力范围内，ΔV 单调的增大，而 ΔC 则不同。价带的最高点（图中心形图案）位置自始至终都是固定的，而导带最低点（图中三叶草图案）在 70GPa 前后有着明显的改变，这也是导致 tP16-B₂CO 结构的带隙随压力的变化中出现鞍点的原因。

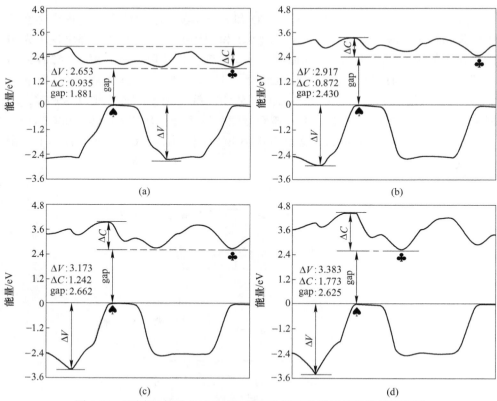

图 4-10　不同压力下 tP16-B₂CO 最高价带和最低导带的能带形貌图

（水平实线代表费米能级）

（a）0GPa；（b）40GPa；（c）70GPa；（d）100GPa

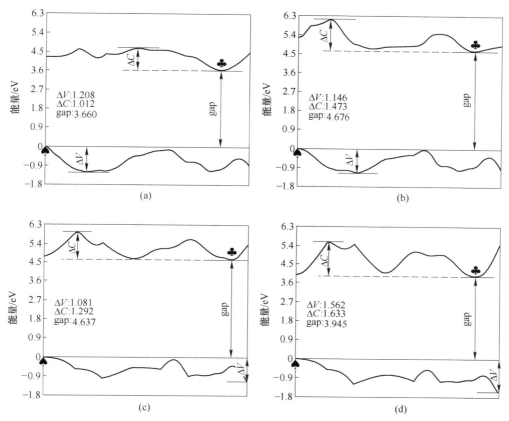

图 4-11　不同压力下 oI16-B$_2$CO 最高价带和最低导带的能带形貌图

（水平实线代表费米能级）

（a）0GPa；（b）40GPa；（c）70GPa；（d）100GPa

4.6.2.2　tP16-B$_2$CO 高压能带

至于 oI16-B$_2$CO，如图 4-11 所示，ΔV 和 ΔC 均非单调变化，对应的价带最高点固定不变，而导带最低点所处位置随压力增大而有变动。在整个随压力升高的过程中，其带隙宽度体现出先升后降的明显变化。

4.7　力学性质

4.7.1　力学模量

对于四方晶系，结构的体积模量 B 和剪切模量 G 的 Voigt 和 Reuss 形式数值分别即为 B_V、B_R、G_V、G_R，它们可以通过结构的独立弹性常数计算得到[33]。

基于 Voigt-Reuss-Hill 关系，$M_H = (M_V + M_R)/2$，$M = B$，G。计算得到 tP16-B₂CO 结构的 Hill 形式体积模量 B 和剪切模量 G 分别为 153.24GPa 和 127.74GPa。杨氏模量 E 和泊松比 ν 可以通过 B 和 G 获得，见式（4-3）：

$$E = 9BG/(3B + G)；\nu = (3B - 2G)/2(3B + G) \tag{4-3}$$

tP16-B₂CO 的杨氏模量计算值为 299.89GPa，泊松比计算值为 0.174。一般而言，B 代表加压过程中抵抗体积变形的能力，G 代表剪切应变情况下抵抗变形的能力[34]。材料的样式模量越高、泊松比越低，意味着该材料越坚硬。很明显，tP16-B₂CO 具有较小的泊松比和较高的力学模量（如体积模量、剪切模量、杨氏模量），预示着 tP16-B₂CO 作为硬质材料在切削、抛光等加工中的潜在用途。同时研究了 oI16-B₂CO 相关力学数据，其 Hill 形式体积模量 B、剪切模量 G 和杨氏模量 E 分别为 220.98GPa、167.63GPa 和 401.39GPa，均高于 tP16-B₂CO，说明 oI16-B₂CO 相比于 tP16-B₂CO 更坚硬。

作为一个基础力学性质，硬度是评估材料力学性质必不可少的物理量。基于改进版硬度经验公式[1]计算 tP16-B₂CO 结构的维氏硬度：

$$HV = 0.92\kappa^{1.137}G^{0.708}；\kappa = G/B \tag{4-4}$$

计算所得 tP16-B₂CO 硬度为 23.19GPa，预示着 tP16-B₂CO 具有较高的硬度，因此可以作为硬质材料在切削、研磨等工业领域应用。同时计算所得 oI16-B₂CO 的理论维氏硬度高达 25.24GPa，说明 tP16-B₂CO 和 oI16-B₂CO 都是高硬度结构。与前面提到的属于超硬结构的 sp³ 杂化共价键 B₂CO 化合物不同，这可能来源于结构中存在 sp² 共价键，导致结构存在空隙，影响结构的致密性和硬度。

4.7.2 各向异性

事实上所有的单晶都是各向异性的，弹性各向异性对于理解陶瓷材料微裂纹的产生具有重要意义，并且也可以显著影响材料的工程应用。考虑到材料结构中剪切模量和体积模量的双重贡献，采用通用弹性各向异性指数来分析 tP16-B₂CO 和 oI16-B₂CO 的各向异性程度[35]。

$$Au = 5\frac{G_V}{G_R} + \frac{B_V}{B_R} - 6 \tag{4-5}$$

对于弹性各向同性的材料，其 Au 为零。任何非零的数值均说明存在一定程度的弹性各向异性，其偏离零的程度大小代表着各向异性程度的高低。因此常用通用弹性各向异性指数来量化材料单晶的弹性各向异性。这里计算所得 tP16-B₂CO 的 Au 为 1.546，oI16-B₂CO 的 Au 为 1.323，均显著大于零，这说明两者都有较大的各向异性。

作为一类广泛使用的判据，不同平面间原子成键的各向异性程度可以通过剪切各向异性量化，剪切各向异性指数 A_1、A_2 和 A_3 分别代表剪切平面（１００）/剪

切方向介于 [0 1 1] 到 [0 1 0]，剪切平面（0 1 0）/剪切方向介于 [1 0 1] 到 [0 0 1]，剪切平面（0 0 1）/剪切方向介于 [1 1 0] 到 [0 1 0]。

对于四方晶系而言：

$$A_1 = A_2 = 4C_{44}/(C_{11} + C_{33} - 2C_{13}) ; A_3 = 2C_{66}/(C_{11} - C_{12}) \qquad (4\text{-}6)$$

对于正交晶系而言：

$$A_1 = 4C_{44}/(C_{11} + C_{33} - 2C_{13}) ; A_2 = 4C_{55}/(C_{22} + C_{33} - 2C_{23})$$
$$A_3 = 4C_{66}/(C_{11} + C_{22} - 2C_{12}) \qquad (4\text{-}7)$$

假设一个晶体结构呈现各向同性，那么其剪切各向异性指数 $A_1 = A_2 = A_3 = 1$。任何偏离 1 的值，其偏离程度代表着剪切各向异性的程度。计算 tP16-B$_2$CO 和 oI16-B$_2$CO 的剪切各向异性指数有：$A_1 = A_2 = 0.677$，$A_3 = 0.883$ 和 $A_1 = 0.605$，$A_2 = 0.992$，$A_3 = 1.625$。结果表明，tP16-B$_2$CO 和 oI16-B$_2$CO 结构中剪切各向异性程度最小处均出现在剪切平面（0 0 1）/剪切方向介于 [1 1 0] 到 [0 1 0]。事实上，tP16-B$_2$CO 结构中沿着 c 轴方向有着体系最大的杨氏模量值（681.36GPa），明显大于 a 轴和 b 轴的杨氏模量值（二者均为 214.22GPa），这也充分印证了 tP16-B$_2$CO 的各向异性。

4.7.3 应力应变

一种有效地理解材料在应力作用下变形行为的方法即模拟应力应变法被广泛应用于凝聚态材料的研究[36~40]。材料的理想强度（或应变）是材料强度（或应变）的上限，该上限定义为完美晶体失去弹性力学稳定性时的应力（或应变）。通过对结构的应变-应力关系和断键过程的深入研究，可以揭示结构变形和失效的微观机理。

图 4-12 给出了 tP16-B$_2$CO 结构沿着特定方向（[1 0 0] 和 [0 0 1]）的模拟拉伸应力-应变关系，其中应力沿着 [1 0 0] 方向的演化过程如图 4-12(a) 所示，[0 0 1] 方向的演化过程如图 4-12（b）所示。随着 [1 0 0] 方向应变的增大，拉伸应力持续增大直到应力出现最大值（25.29GPa），此时应变为 0.0125。在此应变下，结构尚无显著变化，结构中 B1—O 柱和 B2—C 柱依旧彼此相连，结构也保持着三维网络状构型。随后继续增大应变，随着 O 原子形成悬键，B1—O 柱垮塌，整个结构没有连续的三维空间键合作用，进而结构断裂失效。

对于 [0 0 1] 方向而言，其应力应变关系较复杂。观察发现沿着 [0 0 1] 方向，整个结构中有两条原子链在应力应变过程中变化最明显，因此以这两条原子链为对象阐明 [0 0 1] 方向的应力应变机理，如图 4-12（b）所示。此外 Mulliken 布居也常被用来分析原子与周边原子间的电荷重叠[41]以及成键情况，因此这里也研究了应力应变过程中几个特殊应变点所选原子链的布居情况，图 4-12（b）中内插表给出了不同原子间原子键长和键的布居数。

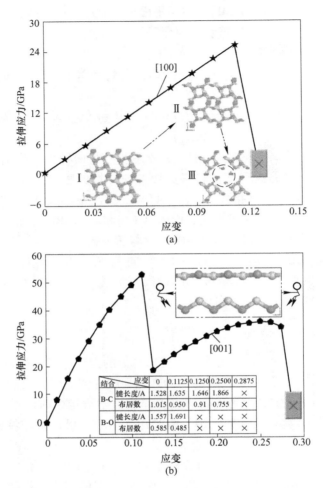

图 4-12　计算 tP16-B₂CO 结构沿着特定方向的拉伸应力-应变关系

（（a）和（b）分别代表 [1 0 0] 和 [0 0 1] 方向，图中符号×表示结构失效。在图（a）中，
Ⅰ、Ⅱ、Ⅲ分别代表无应变、应变量 0.1125 和应变量 0.1250)

　　由图 4-12 可以发现，tP16-B₂CO 结构沿 [0 0 1] 的最大应力比 [1 0 0] 方向的大。沿着 [0 0 1] 方向，应力首先随着应变增大而增大，期间最大应力出现在 0.1125 应变处，此时应力值为 52.80GPa。基于键长和布居情况分析，0.1125 应变时结构无任何化学键断裂的情况。然而随着应变继续增大，直到 0.1250 时，应力快速下降到 18.52GPa，这是因为在该拉伸过程中 B—O 的键长超过极限，导致 B—O 原子间无电子重叠布居，进而 B—O 断裂。此时，由于 B—C 原子依然保持键合作用，所以结构依然保持三维网络构型。随后，随着应变的继续变大，应力逐步升高，直到应力极大值出现，此时应力应变分别为

35.81GPa 和 0.2500。此后，应变继续增大导致 B—C 继续被拉伸，直到 B—C 原子间的成键作用消失，进而整个结构失效。不同方向应力应变关系的研究也证明了 tP16-B$_2$CO 结构的各向异性。

从图 4-13 可以看出，oI16-B$_2$CO 在 3 个主晶轴方向上都有较高的最大拉伸强度，其中［0 0 1］和［1 0 0］的最大拉伸强度分别为 71.4GPa 和 67.1GPa，远大于其他非主晶轴方向的最大拉伸强度。而至于最大应变则出现在［1 0 0］拉伸过程，其最大拉伸应变明显比其他拉伸方向的可变形程度高。此外对于［0 1 1］拉伸方向还存在二次拉伸变形过程，这也跟该方向上原子成键密切相关。

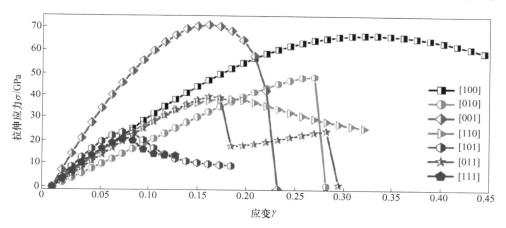

图 4-13　计算 oI16-B$_2$CO 拉伸应力-应变关系[11]

4.8　热力学性质

密度泛函理论研究材料的性质多是基于绝对零度下结构模型进行的研究，计算的能量都是在 0K 条件下体系的总电子能量。而绝对零度是热力学的最低温度，更是仅存于理论的下限值，现实中无法达到绝对零度。要想研究体系在非 0K 下的热力学性质，可以通过声子振动模拟温度引起的热振动，评估振动对具体温度下材料的热力学性质（如焓 H、熵 S、吉布斯自由能 G、晶格热容 C_V 等）的贡献，获取相应热力学性质与温度的关系。

4.8.1　零点振动能

提到振动就涉及零点振动及零点振动能，而零点振动能来自于量子力学的海森堡测不准原理。零点振动能 E_{zp} 是指物质在绝对零度下仍会保持振动的能量。零点振动的幅度主要受温度和质量影响：温度增加，振动幅度加强；质量增大，振动幅度减弱。由此可知，对于轻元素构成的物质，其零点振动能对能量的贡献更是比重元素物质的贡献明显，因而不能忽略。基于声子振动的详细研究，可以计算零点振动能 E_{zp}，如式（2-7）所示。基于 tP16-B_2CO 和 oI16-B_2CO 的单胞结构为模型计算所得二者零点振动能 E_{zp} 分别为 2.190eV 和 2.232eV，对应每分子式 E_{zp} 分别为 0.548eV 和 0.558eV，与纯 sp^3 杂化的四方晶系和正交晶系 B_2CO 化合物单分子式 E_{zp} 相近。其中高空间群的 tP16-B_2CO 结构比低空间群的 oI16-B_2CO 单分子式 E_{zp} 小，这也和第 2 章和第 3 章有关纯 sp^3 杂化的四方晶系和正交晶系 B_2CO 化合物单分子式 E_{zp} 结论一致。

4.8.2　热力学物理量

Baroni 等人基于声子振动及其态密度的研究，提出了温度对热力学性质（如焓、熵、吉布斯自由能、晶格热容等）的贡献度算法[42]，如第 2.7 节热力学部分公式（2-6）~式（2-10）所示。

图 4-14 为 0~2000K 温度范围内，tP16-B_2CO 和 oI16-B_2CO 二者热力学物理量如吉布斯自由能 G、熵 S、焓 H 与温度 T 之间的关系。鉴于熵其实为热量与温度的商值，单位为 J/K，为了能与密度泛函理论计算的能量值进行直观比较分析，此处以 $S \times T$ 的形式给出。从图 4-14 可以看出，相同温度下 tP16-B_2CO 和 oI16-B_2CO 二者的熵值近乎呈现 1∶1 的关系，这是二者结构所含原子量相同导致的。从绝对零度到 2000K，tP16-B_2CO 和 oI16-B_2CO 的熵增分别为 14.1925eV/2000K 和 14.3262eV/2000K。

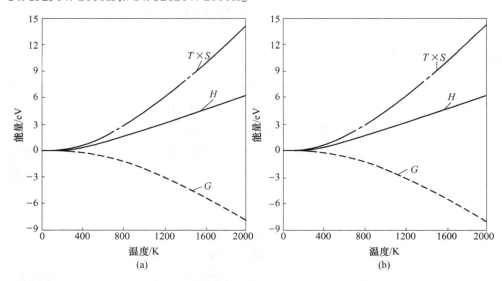

图 4-14　tP16-B_2CO（a）和 oI16-B_2CO（b）的吉布斯自由能

G、熵 S、焓 H 与温度 T 之间的关系

0～2000K 温度范围内，随着温度升高，二者结构的焓值 H 均伴随着 $S×T$ 同步增大，而吉布斯自由能 G 则随着温度升高而持续降低。此外，研究发现 tP16-B_2CO 和 oI16-B_2CO 二者结构的吉布斯自由能 G、熵 S、焓 H 在任何温度下均满足 $G=H-T×S$，这吻合了热力学关系。研究发现，在非绝对零度时，oI16-B_2CO 的吉布斯自由能 G 比 tP16-B_2CO 要低。如 2000K 时，oI16-B_2CO 的 G 为 $-8.054eV$，比 tP16-B_2CO 的 G 值低 0.159eV。

4.8.3 热容和德拜温度

此外，基于声子振动对热容的巨大影响，研究 tP16-B_2CO 和 oI16-B_2CO 二者热容 C_V 与温度 T 之间的关系，如图 4-15（a）所示。从图 4-15 可以看出，tP16-B_2CO 和 oI16-B_2CO 的热容在低温段均随着温度升高而增大，这说明低温时，热容并不是一个恒量，在接近绝对零度时，热容按 T^3 的规律趋近于零。由于二者单胞结构均含有 4 倍 B_2CO 分子式，对应有 $1cal/(cell \cdot K) = 1.051J/(mol \cdot K)$。在高温段，热容缓慢增加并趋近于恒值 $99.768J/(mol \cdot K)$，这与热力学中杜隆-珀替定律和柯普定律一致。

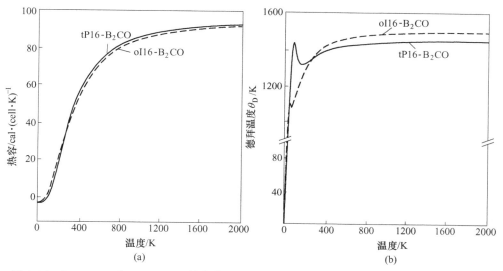

图 4-15　tP16-B_2CO 和 oI16-B_2CO 的热容 C_V（a）和德拜温度 θ_D（b）与温度 T 之间的关系

此外，热容还有另外一种理论预测形式——德拜模型热容，德拜模型的热容由 Ashcroft 和 Mermin 提出[43]，具体计算见式（3-3）。因此先基于式（2-10）计算热容与温度的关系，然后代入式（3-3），即可获得德拜温度与温度之间的关系，并进一步求出给定温度（如室温）下的德拜温度。这提供了获取德拜温度 θ_D 与温度 T 的依赖关系。

研究 0~2000K 温度范围内，tP16-B₂CO 和 oI16-B₂CO 二者德拜温度 θ_D 与温度 T 之间的关系，如图 4-15（b）所示。可以看出，低温范围内德拜温度随温度剧增，而温度升高到 600K 以上高温，德拜温度趋近于一个固定值。其中 tP16-B₂CO 和 oI16-B₂CO 的德拜温度高温恒量值存在着明显差别，分别为 1447.2K 和 1498.9K。这与两者结构在常压下的最大声子振动频率（tP16-B₂CO：38.8THz 和 oI16-B₂CO：40THz）的关系相吻合。

$$\nu_D = \kappa \cdot \theta_D / \hbar \qquad\qquad (4-8)$$

室温是材料研究中一个典型的温度，而 tP16-B₂CO 和 oI16-B₂CO 二者在 300K 室温时，德拜温度分别为 1363.5K 和 1371.6K。由式（4-8）（式中 κ 和 $\hbar$ 分别代表玻耳兹曼常数和普朗克常数），计算获得室温下二者的德拜振动频率 ν_D 分别为 28.41THz 和 28.58THz。结合二者声子振动频率分析可知，其室温下德拜温度的振动频率主要由连续的声频支振动贡献，而高过特定振动频率的不在声频支而在光频支范围的频率振动对热容贡献很小，可忽略不计。

4.9　本章小结

本章通过结构预测算法 USPEX，提出一种具有 sp²-sp³ 杂化方式共存的四方晶系 B₂CO 结构，记为 tP16-B₂CO。该结构与闫海燕等人提出的 oI16-B₂CO 相似，对此展开对二者的第一性原理研究。首先 B₂CO 多形体的焓压关系和内能体积关系揭示了 tP16-B₂CO 常压下能量比 tI16-B₂CO 相具有优势，而独立弹性力学常数和声子散射及声子态密度的研究也表明了 tP16-B₂CO 结构的弹性力学稳定性和动力学稳定性。

电学性质的研究说明 tP16-B₂CO 和 oI16-B₂CO 都是具有直接带隙的半导体材料，其常压下带隙分别为 3.454eV 和 5.341eV。其带隙与压力（0~100GPa）之间的关系表明压力对 tP16-B₂CO 和 oI16-B₂CO 两者电学性质影响明显：tP16-B₂CO 在 0~70GPa，带隙随压力增大而增大，70~100GPa，带隙随压力增大而减小；oI16-B₂CO 在 0~50GPa 内，带隙增大，50~100GPa 范围内，带隙随压力逐步减小。热力学研究表明，tP16-B₂CO 和 oI16-B₂CO 的分子式零点振动能 E_{zp} 分别为 0.548eV 和 0.558eV，高温下两者热容趋近于极限值 99.768J/(mol·K)。高温 tP16-B₂CO 和 oI16-B₂CO 的德拜温度恒量值分别为 1447.2K 和 1498.9K，这与两者结构在常压下的最大声子振动频率（tP16-B₂CO：38.8THz 和 oI16-B₂CO：40THz）的关系相吻合。

力学性质的计算表明 tP16-B₂CO 和 oI16-B₂CO 具有较大的力学模量（B、G、E）。基于改进型硬度经验公式，我们预测 tP16-B₂CO 和 oI16-B₂CO 都具有较高的硬度，硬度值分别为 23.19GPa 和 25.24GPa。同时在 tP16-B₂CO 和 oI16-B₂CO 结构中发现了明显的各向异性，tP16-B_2CO 和 oI16-B_2CO 的 [001] 方向杨氏模量均远大于 [100] 和 [010] 方向杨氏模量值，这与模拟应力应变研究中 [001] 方向的最大应力远大于 [100] 等方向的最大应力结论一致。有关电学、力学、热学等性质的研究表明，tP16-B_2CO 作为 B-C-O 化合物中新型一员，和 oI16-B_2CO 一样，在科学研究与工业应用中都具有诱人的前景。

参 考 文 献

[1] Tian Y J, Xu B, Zhao Z S. Microscopic theory of hardness and design of novel superhard crystals [J]. Int. J. Refract. Met. H. , 2012, 33: 93-106.

[2] Garvie L A J, Hubert H, Petuskey W T, et al. High-pressure, high-temperature syntheses in the B—C—N—O System [J]. J. Solid State Chem. , 1997, 133: 365-371.

[3] Hubert H, Garvie L A J, Devouard B, et al. High-pressure, high-temperature syntheses of super-hard α-rhombohedral boron-rich solids in the BCNO [C]. Mat. Res. Soc. Symp, proc, 1998, 499: 315~320.

[4] Bolotina N B, Dyuzheva T I, Bendeliani N A. Atomic structure of boron suboxycarbide B (C, O)$_{0.155}$ [J]. Crystallogr. Rep. , 2001, 46: 734-740.

[5] Li Q , Chen W J, Xia Y, et al. Superhard phases of B_2O: An isoelectronic compound of diamond [J]. Diam. Relat. Mater. , 2011, 20: 501-504.

[6] Li Y W, Li Q, Ma Y. B_2CO: A potential superhard material in the B-C-O system [J]. EPL (Europhysics Letters), 2011, 95: 66006.

[7] Qiao L, Jin Z, Yan G, et al. Density-functional-studying of oP8−, tI16−, and tP4−B_2CO physical properties under pressure [J]. J. Solid State Chem. , 2019, 270: 642-650.

[8] Liu C, Zhao Z S, Luo K, et al. Superhard orthorhombic phase of B_2CO compound [J]. Diam. Relat. Mater. , 2017, 73: 87-92.

[9] Zhang M, Yan H, Zheng B, et al. Influences of carbon concentration on crystal structures and ideal strengths of B_2C_XO compounds in the BCO system [J]. Sci. Rep. , 2015, 5: 15481.

[10] Liu C, Chen M W, He J L, et al. Superhard B_2CO phases derived from carbon allotropes [J]. RSC Adv. , 2017, 7: 52192-52199.

[11] Yan H Y, Zhang M G, Wei Q, et al. A new orthorhombic ground-state phase and mechanical strengths of ternary B_2CO compound [J]. Chem. Phys. Lett. , 2018, 701: 86-92.

[12] Wang S, Oganov A R, Qian G, et al. Novel superhard B-C-O phases predicted from first principles [J]. Phys. Chem. Chem. Phys. , 2016, 18: 1859-1863.

[13] Qiao L, Jin Z. Two B-C-O Compounds: Structural, Mechanical Anisotropy and Electronic Properties under Pressure [J]. Materials, 2017, 10: 1413.

[14] Zhou S, Zhao J. Two-dimensional B-C-O alloys: a promising class of 2D materials for electronic

devices [J]. Nanoscale, 2016, 8: 8910-8918.

[15] Liu C, Chen M W, Yang Y, et al. Theoretical exploring the mechanical and electrical properties of tI12-$B_6C_4O_2$ [J]. Comput. Mater. Sci. , 2018, 150: 259-264.

[16] Nuruzzaman M, Alam M A, Shah M A H, et al. Investigation of thermodynamic stability, mechanical and electronic properties of superhard tetragonal B_4CO_4 compound: ab initio calculations [J]. Comput. Condens. Matter, 2017, 12: 1-8.

[17] Zheng B, Zhang M, Wang C. Exploring the Mechanical Anisotropy and Ideal Strengths of Tetragonal B_4CO_4 [J]. Materials, 2017, 10: 128.

[18] Zhang R F, Legut D, Lin Z J, et al. Stability and Strength of Transition-Metal Tetraborides and Triborides [J]. Phys. Rev. Lett. , 2012, 108: 255502.

[19] Needs R J, Pickard C J. Perspective: role of structure prediction in materials discovery and design [J]. Apl Materials, 2016, 4: 053210.

[20] Lyakhov A O, Oganov A R, Stokes H T, et al. New developments in evolutionary structure prediction algorithm USPEX [J]. Comput. Phys. Commun. , 2013, 184: 1172-1182.

[21] Clark S J, Segall M D, Pickard C J, et al. First principles methods using CASTEP [J], Z. Krist. Cryst. Mater. , 2005, 220: 567-570.

[22] Perdew J P, Burke K, Ernzerhof M. Generalized gradient approximation made simple [J]. Phys. Rev. Lett. , 1996, 77: 3865-3868.

[23] Vanderbilt D. Soft self-consistent pseudopotentials in a generalized eigenvalue formalism [J]. Phys. Rev. B, 1990, 41: 7892-7895.

[24] Monkhorst H J, Pack J D. Special points for Brillouin-zone integrations [J]. Phys. Rev. B, 1976, 13: 5188-5192.

[25] Montanari B, Harrison N. Lattice dynamics of TiO_2 rutile: influence of gradient corrections in density functional calculations [J]. Chem. Phys. Lett. , 2002, 364: 528-534.

[26] Setyawan W, Curtarolo S. High-throughput electronic band structure calculations: Challenges and tools [J]. Comput. Mater. Sci. , 2010, 49: 299-312.

[27] Garza A J, Scuseria G E. Predicting Band Gaps with Hybrid Density Functionals [J]. J. Phys. Chem. Lett. , 2016, 7: 4165-4170.

[28] Krukau A V, Vydrov O A, Izmaylov A F, et al. Influence of the exchange screening parameter on the performance of screened hybrid functionals [J]. J. Chem. Phys. , 2006, 125: 224106.

[29] Lin J S, Qteish A, Payne M C, et al. Optimized and transferable nonlocal separable ab initio pseudopotentials [J]. Phys. Rev. B, 1993, 47: 4174-4180.

[30] Mouhat F, Coudert F. Necessary and sufficient elastic stability conditions in various crystal systems [J]. Phys. Rev. B, 2014, 90: 224104.

[31] Dias R P, Silvera I F. Observation of the Wigner-Huntington transition to metallic hydrogen [J]. Science, 2017, 355: 715-718.

[32] Ma Y, Eremets M, Oganov A R, et al. Transparent dense sodium [J]. Nature, 2009, 458: 182-185.

[33] Wu Z, Zhao E, Xiang H, et al. Crystal structures and elastic properties of superhard IrN_2 and IrN_3 from first principles [J]. Phys. Rev. B, 2007, 76: 054115.

[34] Korozlu N, Colakoglu K, Deligoz E, et al. The elastic and mechanical properties of MB_{12} (M =Zr, Hf, Y, Lu) as a function of pressure [J]. J. Alloys Compd., 2013, 546: 157-164.

[35] Ranganathan S I, Ostoja-Starzewski M.. Universal elastic anisotropy index [J]. Phys. Rev. Lett., 2008, 101: 055504.

[36] Roundy D, Krenn C, Cohen M L, et al. Ideal shear strengths of fcc aluminum and copper [J]. Phys. Rev. Lett., 1999, 82: 2713.

[37] Roundy D, Krenn C, Cohen M L, et al. The ideal strength of tungsten [J]. Philos. Mag. A, 2001, 81: 1725-1747.

[38] Karki B B, Ackland G J, Crain J. Elastic instabilities in crystals from ab initio stress-strain relations [J]. J. Phys. Condens. Matter, 1997, 9: 8579.

[39] Krenn C R, Roundy D, Morris J W, et al. Ideal strengths of bcc metals [J]. Mat. Sci. Eng. A, 2001, 319: 111-114.

[40] Zhang Y, Sun H, Chen C. Atomistic deformation modes in strong covalent solids [J]. Phys. Rev. Lett., 2005, 94: 145505.

[41] Bohinc R, Zitnik M, Bucar K, et al. Structural and dynamical properties of chlorinated hydrocarbons studied with resonant inelastic X-ray scattering [J]. J. Chem. Phys., 2016, 144: 134309.

[42] Baroni S, de Gironcoli S, Dal Corso A, et al. Phonons and related crystal properties from density-functional perturbation theory [J]. Rev. Mod. Phys., 2001, 73: 515-562.

[43] Ashcroft N W, Mermin N D. Solid state physics (Saunders College, Philadelphia) [J]. Appendix N, 1976.

5 富碳型金刚石等电子体 化合物 B_2C_xO 超硬相

5.1 概述

受到科学研究的启发以及在工业应用中对高硬度、高热稳定性和抗氧化材料的需求，科研人员致力于本征超硬材料的设计与研发[1~3]。自从实验室成功合成出金刚石[4]和立方氮化硼 cBN[5]以来，人们一直在努力合成其他具有更好的热稳定性和硬度的新材料。传统上，人们普遍认为由轻元素（B、C、N 和 O）构成的物质具有相对较短的键长和较强的共价键键能，这使它们成为低压缩性乃至超硬材料的主要物质来源。在这种策略驱动下，人们在合成超硬材料如 BC_xN[6~11]、BC_x[12,13]、γ-B_{28}[14]和 B_xO[15~17]等方面取得了显著的进展，这也为研究 B—C—N—O 体系的超硬材料开辟了一个新的途径。特别令人感兴趣的是合成的三元超硬材料 BC_2N，它是已知第二硬的材料，维氏硬度高达 76GPa[7]。同时，也有几种理论方法用于设计和预测新型潜在超硬材料以补充实验方面有关超硬材料的研究工作。

金刚石电子结构的一个特点是在每个碳原子的价带中都存在 4 个电子，这些电子能够参与轨道杂化，并形成 4 个四面体方向的强共价键。因此，在设计与搜索新型超硬材料时，重现金刚石的电子结构特性是非常必要的。金刚石等电子体的多组分轻元素化合物的成分涉及确定一组不定方程的解[18]。（$N_1X+N_2Y+N_3Z+\cdots$）$=4M$，式中 N_1、N_2、$N_3\cdots$为各组分原子中价电子数，M 为整数，X、Y、$Z\cdots$为化合物分子式中相关原子的含量。

与已被广泛研究的 B-C-N 体系相比，近十年来三元 B-C-O 化合物已发展成为人们密切关注的研究领域。1997 年，B-C-O 化合物（$B_6C_{1.1}O_{0.33}$ 和 $B_6C_{1.28}O_{0.31}$）被高压试验成功合成[19,20]。2001 年，人们以等物料比的 B_4C 和 B_2O_3 作为反应物，在 5.5GPa 高压和 1400 K 高温下成功制备出硼的亚碳氧化合物 B（C，O）$_{0.1555}$[21]。最近李印威等人预测了两种潜在的三元 B-C-O 化合物超硬材料（tP4-B_2CO 和 tI16-B_2CO）[22]，两者都与金刚石等电子且呈四方类金刚石结构。理论计算揭示了二者的稳定性和良好的力学性能。更多的碳含量导致体系中存在更多的 sp^3 C—C，强 sp^3 C—C 在结构中比例的增大导致B-C-O化合物在力学性质上更接近金刚石，因此李印威指出在B-C-O体系中存在较多与金刚石等电子的三元化合物，如含碳量较高的 B_2C_xO（$x \geqslant 2$），其强度和硬度会高于 B_2CO[22]。

在研究B-C-O化合物体系后，王胜男等人提出超硬的 B_4CO_4 相，不同于先前提出的超硬B-C-O化合物，B_4CO_4 相是非金刚石等电子体结构[23]。B_4CO_4 相的力学性质和电学性质也被系统研究[24,25]。通过研究发现 B_4CO_4 相中在（0 0 1）[1 0 0] 滑移系存在的强度最高仅为27.5GPa，这说明 B_4CO_4 相本质上并不是超硬材料而是高硬材料。最近有人提出，与 B_2CO 相比，空间群 Cmm2 的正交 B_2C_5O 相具有更高的硬度（66.1GPa）[26]。这些重要的开创性研究使我们对原子的键合及其本质有了更广泛的认识，加深了对B-C-O体系中 B_2C_xO 的结构稳定性和优越力学性质的认识。因此，研究碳浓度对 B_2C_xO（$x \geqslant 2$）化合物力学行为的影响，以及丰富并扩展B-C-O化合物体系的超硬结构是非常有意义的。

为了解决这些问题，张美光等人使用粒子群优化包（CALYPSO）[27,28]进行广泛的结构搜索，以探索在室压下可能存在的能量稳定 B_2C_xO（$x \geqslant 2$）相。该方法是目前流行的不受任何已知信息的影响，可以高效、快速开发出新型晶体结构的方法之一，这种方法已成功地应用于广泛的结构搜索设计，并得到了独立试验的证实。两个典型的例子：石墨的冷压相和合成立方 BC_3 相的实验晶体结构，在该方法的协助下最近已经被解析[29,30]。通过研究在 B_2C_2O、B_2C_3O 和 B_2C_5O 中发现了 3 种分别具有 $I4_1/amd$、$I\bar{4}m2$ 和 $P\bar{4}m2$ 空间群的四方类金刚石结构，令人惊讶的是，所有这些新的结构都可以从先前提出的 $tP4$-B_2CO 超细胞中衍生出来。随后对上述 3 种物相进行了第一原理研究来描述这些预测相的晶体结构、电子结构和力学行为等的特点与变化趋势。

5.2 计算方法

5.2.1 模型

根据 CALYPSO 程序[27,28]中实现的从头计算总能量的能量面全局最小化来执行晶体结构搜索。CALYPSO 程序被设计用于预测稳定或亚稳态的晶体结构，在给定的外部条件（例如压力）下只需要给定化合物的化学成分。在室压环境下系统地搜索单胞包含 1~4 倍 f.u. 的 B_2C_xO（$x = 2 \sim 5$）化合物。在结构搜索过程中，通过粒子群优化操作，选择每一代较低焓值的60%结构生成下一代结构，并随机生成新一代结构以增加结构多样性。

5.2.2 参数

结构优化、弹性常数计算、声子色散分析和物理性质研究都在 CASTEP 程序[31]中执行。整个研究过程中采用的是 LDA 下的 CA-PZ 型函数作为交换关联泛函[32,33]。几何优化是基于 BFGS 算法[34]进行的，同时优化过程中的离子迭代会一直持续下去直到同时满足以下条件：每原子受力不超过 0.01eV/Å，原子位移小于 $5×10^{-4}$ Å，前后两步能量改变不高于 $5×10^{-6}$ eV/atom 且应力分量不超过 0.02GPa。所有原子的电子结构是基于模守恒赝势描述的，其中截断能统一设置为 960eV。为了保证计算精度在 1meV 以内，布里渊区 K 点是采用 Monkhorst-Pack 网格划分产生的，其中网格划分密度为 $2π×0.04$Å^{-1}。

对于弹性力学参数，采用应力应变法在 CASTEP 程序中执行，其中最大应变为 0.003，共分为 9 步。由于声子谱的计算量非常巨大，这里的计算是以原胞为模型，采用超软赝势[34]和有限位移[35]的方法计算的。

5.3　优化结构

变化学计量比的B-C-O化合物作为潜在的结构被广泛研究。除了已知结构如 B_2C_xO （$x=1$，2，3，5）化合物系列和 B_4CO_4，张美光等人从成千上万个 CALYPSO 产生的候选结构中找到了 3 种新型B-C-O化合物结构[36]，这 3 种新化合物均具有四方晶系结构：第 1 种为空间群 I4$_1$/amd 的 B_2C_2O （结构单胞中含 4 倍分子式）；第 2 种为空间群 I$\bar{4}$m2 的 B_2C_3O （结构单胞中含 2 倍分子式），最后一种为空间群 P$\bar{4}$m2 的 B_2C_5O （结构单胞中含 1 倍分子式）。鉴于三者的分子式不同，在本章后续部分的介绍中，分别简称上述 3 种物质为 B_2C_3O、B_2C_3O 和 B_2C_5O。

B_2C_3O、B_2C_3O 和 B_2C_5O 三者具体结构如图 5-1 所示，三者的 Laue class（劳厄类）均为 4/mmm。（1）每个 B_2C_xO 化合物都可以从不同的 tP4-B_2CO 超晶胞中用 C 原子取代部分 O 原子和 B 原子得到。例如，B_2C_5O （图 5-1 （c））可以由一个 $1×1×2$ 的 tP4-B_2CO 超晶胞构建，在 2g 位置替换两个硼原子，在 1c 位置替换一个氧原子，以确保 B:C:O 的化学计量为 2:5:1。（2）与 tP4-B_2CO 中的原子成键行为相似，每个 B_2C_xO 化合物中的所有非等价原子都与 sp^3 成键环境呈四面体键合。此外，在 B_2C_2O、B_2C_3O、B_2C_5O 的图 5-1 （a）~（c）中，C—C 在其结构模型中的平均数量随着碳含量的增加从 1.6 增加到 4。（3）与 B_2CO 和 B_2C_2O 相比，在较高的 C 浓度下，B_2C_3O 和 B_2C_5O 中可以清楚地看到 sp^3 C-C 四面体共价键的增加，如图 5-1 （b）和 5-1 （c）所示。因此，碳含量的增加可能有利于强化这些 B_2C_xO 化合物的力学性质。

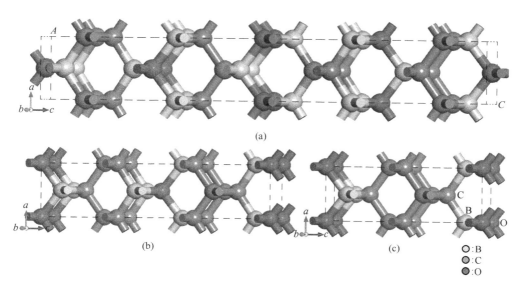

图 5-1 $I4_1/amd$-B_2C_2O（a）、$I\overline{4}m2$-B_2C_3O（b）和 $P\overline{4}m2$-B_2C_5O（c）晶体结构图

常压下结构的详细信息如空间群、晶格参数、密度、原子坐标等见表 5-1。通过表 5-1 可以看出，随着 C 含量的增加，B_2C_xO 的理论密度也逐步增大。

表 5-1 三种 B_2C_xO（$x=2$，3，5）结构的空间群、晶格参数、密度及原子坐标

结构类型	空间群	$a/\text{Å}$	$c/\text{Å}$	$\rho/\text{g}\cdot\text{cm}^{-3}$	原子 Wyckoff 坐标
B_2C_2O	$I4_1/amd$	2.606	17.959	3.357	B(0, 0, 0.304)；C(0, 0, 0.1)；O(0, 0, 0.5)
B_2C_3O	$I\overline{4}m2$	2.577	10.805	3.410	B(0, 0.5, 0.589)；C1(0, 0.5, 0.25)；C2(0, 0, 0.332)；O(0, 0, 0)
B_2C_5O	$P\overline{4}m2$	2.556	7.179	3.460	B(0, 0.5, 0.864)；C1(0, 0.5, 0.377)；C2(0, 0, 0.5)；C3(0.5, 0.5, 0.253)；O(0, 0, 0)

5.4 稳定性分析

5.4.1 弹性力学稳定性

对于具有 4/mmm Laue Class 的四方晶系结构而言，弹性力学稳定性的充分必要条件见式（2-1）[37]。在常压下计算 3 种 B_2C_xO 结构的独立弹性常数见表 5-2。计算结果表明，独立弹性常数均满足上述充分必要条件，证明了 3 种 B_2C_xO 结构的弹性力学稳定性，与张美光等人的弹性力学稳定性分析结论一致[36]。

表 5-2　3 种 B_2C_xO（$x=2$，3，5）的独立弹性常数　　　　　（GPa）

结构类型	C_{11}	C_{33}	C_{44}	C_{66}	C_{12}	C_{13}
$I4_1/amd$-B_2C_2O	802.5	632.5	303.8	294.1	20.0	146.2
$I\bar{4}m2$-B_2C_3O	855.4	706.5	345.9	318.2	31.8	147.2
$P\bar{4}m2$-B_2C_5O	936.6	787.8	405.2	353.1	29.8	147.8

5.4.2　动力学稳定性

基于直接超胞法[38]，利用优化后的超单元计算赫尔曼-费奈曼定理得到的力，张美光等人还研究了 3 种 B_2C_xO 结构的声子散射信息。如图 5-2 所示，整个布里渊区都没有虚频振动的存在，这证明了 3 种 B_2C_xO 结构的动力学稳定性。

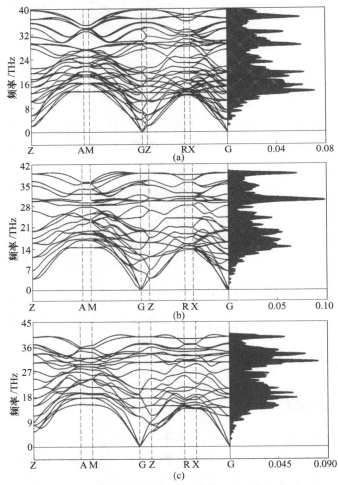

图 5-2　室压下 B_2C_xO 的声子散射及其态密度图

（a）B_2C_2O；（b）B_2C_3O；（c）B_2C_5O

5.4.3 热力学稳定性

为了指导将来的实验合成，张美光等人还研究了 3 种 B_2C_xO 结构的热力学稳定性。通过 B_2C_xO 化合物相对于硼、碳、氧各单质或化合物之间的焓值差来表征化合物的形成焓 ΔH，具体见式（5-1）和式（5-2）。同时研究了不同路径下形成焓 ΔH_{f1} 和 ΔH_{f2} 两者与压力的关系，分别如图 5-3 所示。

$$\Delta H_{f1} = H(B_2C_xO) - 2H(B) - xH(C) - 0.5H(O_2) \qquad (5\text{-}1)$$
$$\Delta H_{f2} = H(B_2C_xO) - H(B_2O) - xH(C) \qquad (5\text{-}2)$$

实验中 α-B、金刚石、α-O_2[39] 和 $I4_1/amd$-B_2O[16,40,41] 分别作为反应物相。如图 5-3 所示，在室压下，3 种 B_2C_xO 结构形成焓为负值，证明了其热力学稳定性。同时，形成焓随着压力升高而逐步降低，这也说明以 α-B、石墨、α-O_2 和 $I4_1/amd$-B_2O 等做反应物时，压力是有利于 B_2C_xO 合成的。

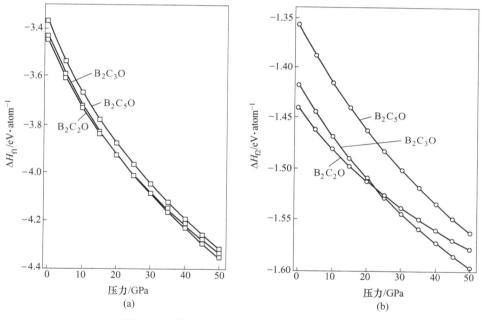

图 5-3 3 种 B_2C_xO 形成焓与压力的关系图

5.5 力学性质

5.5.1 状态方程

用 Birch-Murnaghan 状态方程[42~44]拟合 3 种 B_2C_xO 在 0~100GPa 范围内的体

积-压力数据，拟合公式见式（2-3），各参数具体物理意义详见第 2 章力学性质部分介绍。详细的体积-压力计算值和拟合结果如图 5-4 所示。通过拟合所得 $B_0(\mathrm{GPa})$、B_0' 和 V_0（$\mathrm{\AA}^3$）的结果均在表 5-3 中展示。

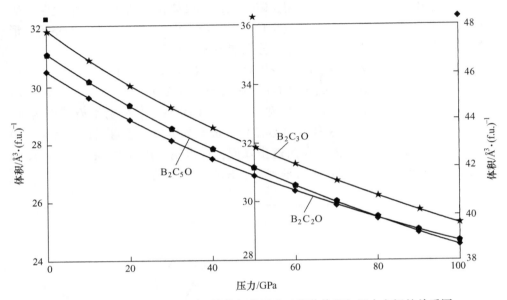

图 5-4　$B_2C_xO(x=2,3,5)$ 结构每分子式对应的体积与压力之间的关系图

（图中散列几何图案代表计算值而实线代表拟合曲线）

表 5-3　B_2C_xO（$x=2,3,5$）的状态方程拟合参数

结构类型	B_0 /GPa	V_0 /$\mathrm{\AA}^3 \cdot (\mathrm{f.u.})^{-1}$	B_0'
$I4_1/amd$-B_2C_2O	320. 4	30. 49	3. 654
$I\bar{4}m2$-B_2C_3O	343. 0	35. 87	3. 647
$P\bar{4}m2$-B_2C_5O	368. 5	46. 88	3. 636

通过表 5-3，对比不同 C 含量的 B_2C_xO 化合物的 B_0 和 V_0，可以发现随着 C 含量增大，B_2C_xO 化合物的零压下分子式体积增大，且平衡态体积模量 B_0 也逐渐增大，表明 B_2C_xO 的抗压缩能力随着 C 含量的增大而提高。

5.5.2　力学模量

随后基于弹性参数，计算了 B_2C_xO（$x=2,3,5$）零压下的体积模量和剪切模量，结果见表 5-4。计算所得体积模量值与拟合体积-压力曲线所得值非常吻合，这证实了本研究计算的准确性和真实性。随后通过式（4-3）计算 B_2C_xO（x

$=2$，3，5）杨氏模量 E 和泊松比 ν，较高的杨氏模量和较小的泊松比表明 B_2C_xO （$x=2$，3，5）可能具有较高的硬度。作为固态物质的一个基本物理属性，我们基于中科院沈阳金属所陈星秋教授提出的硬度经验公式的改进版本[1]，如式（4-4），计算了 B_2C_xO （$x=2$，3，5）的硬度。

表 5-4 B_2C_xO （$x=2$，3，5）的力学性质

结构类型	B/GPa	G/GPa	E/GPa	ν	Au	HV/GPa
$I4_1/amd\text{-}B_2C_2O$	317.9	305.5	694.2	0.136	0.105	50.5
$I\bar{4}m2\text{-}B_2C_3O$	341.0	338.9	763.8	0.127	0.074	56.5
$P\bar{4}m2\text{-}B_2C_5O$	367.9	385.8	857.6	0.112	0.069	65.8

计算所得 B_2C_xO （$x=2$，3，5）的硬度与张美光等人基于硬度微观理论模型和半经验模型的结果均接近[36]，结果表明 B_2C_xO （$x=2$，3，5）确实是超硬材料。同时对比表 5-4 中 B_2C_xO （$x=2$，3，5）力学性质的影响，发现随着 C 含量增大，B_2C_xO 的力学模量和硬度均增大，且泊松比减小，这即说明随着 C 含量增大，B_2C_xO 化合物变硬变脆。同时基于通用弹性各向异性指数[45]分析 B_2C_xO （$x=2$，3，5）的各向异性程度，如式（4-5），发现随着 C 含量增大，B_2C_xO 的各向异性程度越来越小。

5.5.3 各向异性

晶体的弹性各向异性对材料的各向异性塑性变形、裂纹行为和弹性失稳等物理力学性质有重要影响。因此，计算了杨氏模量 E 和剪切模量 G 的方向依赖关系，系统地研究了四方 B_2C_xO 化合物的弹性各向异性，为其进一步的工程应用提供依据。

5.5.3.1 杨氏模量各向异性

杨氏模量定义为应力与应变之比（均在加载方向），剪切模量定义为剪切应力与线性剪切应变之比。泊松比可表示为横向应变（垂直于施加的荷载）与轴向应变（沿施加荷载的方向）的比值。单轴应力可以用单位矢量表示，数值上可用球形坐标及其两个角度 （θ，φ）表达，把用角度 （θ，φ）表达的矢量作为新基组中的第一个单位矢量，并记为 $\boldsymbol{\alpha}$。在表征其他力学性质如剪切模量、泊松比时需要另一个单位矢量 $\boldsymbol{\beta}$，单位矢量 $\boldsymbol{\beta}$ 正交于单位矢量 $\boldsymbol{\alpha}$，其表述需要另一个角度 ω。至此，所有力学性质与方向的关系可以由 3 个角度 （θ、φ 和 ω）完全给出。各矢量可由式（5-3）表示，各矢量间还满足 $\boldsymbol{\alpha}_1^2+\boldsymbol{\alpha}_2^2+\boldsymbol{\alpha}_3^2=1$；$\boldsymbol{\beta}_1^2+\boldsymbol{\beta}_2^2+\boldsymbol{\beta}_3^2=1$ 的关系。

$$\begin{vmatrix} \boldsymbol{\alpha}_1 = \sin\theta\cos\varphi \\ \boldsymbol{\alpha}_2 = \sin\theta\sin\varphi \\ \boldsymbol{\alpha}_3 = \cos\theta \end{vmatrix} ; \begin{vmatrix} \boldsymbol{\beta}_1 = \cos\theta\cos\varphi\cos\omega - \sin\varphi\sin\omega \\ \boldsymbol{\beta}_2 = \cos\theta\sin\varphi\cos\omega + \cos\varphi\sin\omega \\ \boldsymbol{\beta}_3 = -\sin\theta\cos\omega \end{vmatrix} \qquad (5\text{-}3)$$

对于每个四方 B_2C_xO 相，杨氏模量可以通过式（5-4）和式（5-5）表示[46]：

$$E(\theta, \varphi) = 1/S'_{11}(\theta, \varphi) = 1/N \qquad (5\text{-}4)$$

$$N = (\alpha_1^4 + \alpha_2^4) S_{11} + \alpha_3^4 S_{33} + \alpha_1^2\alpha_2^2(2S_{12} + S_{66}) + \alpha_3^2(1 - \alpha_3^2)(2S_{13} + S_{44}) \qquad (5\text{-}5)$$

鉴于 B_2CO 也是一类典型的 B_2C_xO（$x=1$）化合物，它们也都具有四方晶系结构，张美光等人一并考虑了 tP4-B_2CO 和 B_2C_xO（$x=2, 3, 5$）的力学模量各向异性。其中杨氏模量的三维示意图如图 5-5 所示。

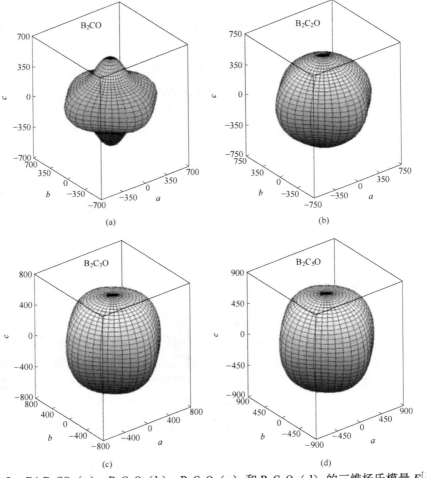

图 5-5   tP4-B_2CO（a），B_2C_2O（b），B_2C_3O（c）和 B_2C_5O（d）的三维杨氏模量 E[36]

在图 5-5 中，坐标系原点到这个曲面的距离等于给定方向上的杨氏模量。然而，对于完全各向同性的介质，这个三维表面应该是一个球体，所有这些 B_2C_xO 化合物均表现出明显的各向异性，尤其是 tP4-B_2CO 各向异性更显著。

更详细地说，图 5-6 给出了（0 0 1）、（1 0 0）和（1 $\bar{1}$ 0）特定平面内杨氏模量 E 沿拉伸轴的方向依赖关系。可以发现：（1）四者结构的杨氏模量最大值

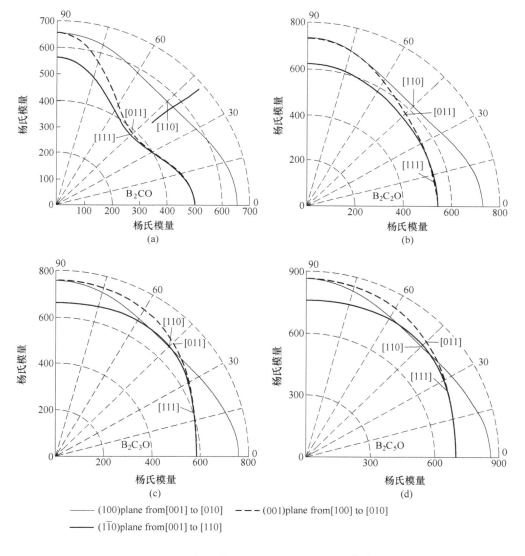

图 5-6 杨氏模量 E 的方向依赖关系图[36]

（a）tP4-B_2CO；（b）B_2C_2O；（c）B_2C_3O；（d）B_2C_5O

如 tP4-B_2CO（655GPa）、B_2C_2O（732GPa）、B_2C_3O（757GPa）和 B_2C_5O（864GPa）都是沿［１００］方向，而它们杨氏模量的最小值如 tP4-B_2CO（379GPa）、B_2C_2O（543GPa）、B_2C_3O（584GPa）和 B_2C_5O（734GPa）分别位于各自的［１１１］、［１１１］、［００１］、［００１］方向；（2）对 tP4-B_2CO、B_2C_2O、B_2C_3O 和 B_2C_5O 而言，杨氏模量最大值和最小值比值 E_{max}/E_{min} 分别为 1.73、1.35、1.30、1.18；（3）B_2C_3O 和 B_2C_5O 的杨氏模量沿不同方向的大小顺序为：$E_{[100]} > E_{[011]} > E_{[110]} > E_{[111]} > E_{[001]}$。

5.5.3.2　剪切模量各向异性

对于每个四方 B_2C_xO 相，剪切模量可以通过公式（5-6）计算[46]：

$$1/G(\theta, \varphi, \omega)$$
$$= 4S_{11}(\alpha_1^2\beta_1^2 + \alpha_2^2\beta_2^2) + 4S_{33}\alpha_3^2\beta_3^2 + 8S_{12}\alpha_1\alpha_2\beta_1\beta_2 + S_{66}(\alpha_1\beta_2 + \alpha_2\beta_1)^2 +$$
$$8S_{13}(\alpha_2\alpha_3\beta_2\beta_3 + \alpha_1\alpha_3\beta_1\beta_3) + S_{44}[(\alpha_2\beta_3 + \alpha_3\beta_2)^2 + (\alpha_1\beta_3 + \alpha_3\beta_1)^2] \qquad (5\text{-}6)$$

式（5-4）~式（5-6）中，$S_{ij}(i, j = 1, 2, \cdots, 6)$ 均为各物质基态下晶体结构的弹性柔顺系数[47]。

如图 5-7 所示，计算了（００１）、（１００）、（１$\bar{1}$０）平面上各 B_2C_xO 化合物剪切模量 G 的方向依赖关系。（1）B_2C_xO 化合物的剪切模量 G 在其（００１）基平面均独立于［１００］至［０１０］的任意剪切方向，这是四方晶体基平面弹性各向同性的结果。（2）除 B_2C_5O 外，其他 B_2C_xO 构型的最小剪切模量均分布在（００１）基底平面内。（3）与其他 B_2C_xO 化合物相比，B_2C_5O 在（００１）和（１００）剪切平面内的各向异性最低。

5.5.4　应力应变

最近，一种用特定应变下应力变化的方法被广泛用来研究并理解凝聚态材料的结构变形、强度和硬度的方法[48~52]。材料的理想强度被定义为一种临界应力值，在这种应力下，晶体结构在弹性力学上变得不稳定，材料的理想强度也即为材料强度的一个上限值。研究结构的应变-应力关系和潜在的原子断裂过程，可以对结构变形和破坏模式的原子机制提供重要的见解。

图 5-8 给出了这四种 B_2C_xO 化合物在 4 种主要对称结晶方向拉伸应变下的应变-应力关系计算结果。可以看出，这些 B_2C_xO 化合物在［１００］、［００１］、［１１０］方向具有较强的应力响应，峰值拉伸应力大于 50GPa。特别是在［１１０］方向，这些化合物（tP4-B_2CO，137.4GPa；B_2C_2O，139.3GPa；B_2C_3O，148.3GPa；B_2C_5O，161.8GPa）的峰值拉伸应力均高于同一方向的金刚石（126.3GPa）和 c-BN（94GPa）[53]。可以看出，B_2C_5O 中的碳含量比 B_2CO 中的

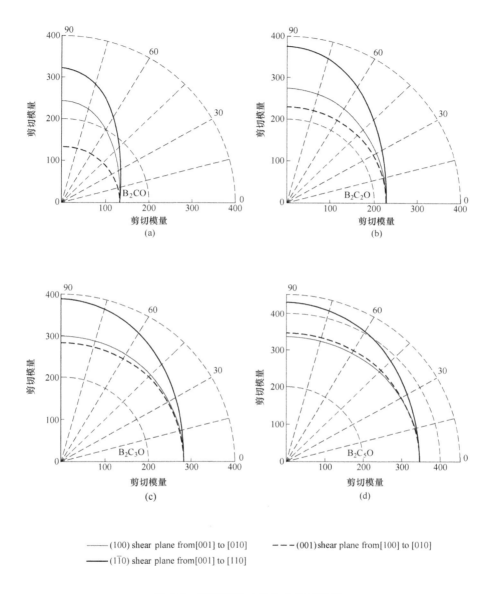

图 5-7 剪切模量 G 的方向依赖关系

(a) tP4-B_2CO；(b) B_2C_2O；(c) B_2C_3O；(d) B_2C_5O[36]

碳含量多 37.3%（质量分数），使其抗拉强度提高了 75.7%。但是，与 [1 1 1] 方向的金刚石（96.3GPa）和 c-BN（70.5GPa）相比[53]，这些 B_2C_xO 的峰值拉伸应力分别为 6.1GPa、21.3GPa、22.4GPa 和 25.1GPa，这表明它们的抗拉能力要弱得多。这一结果与结构中弱 B-O 呈体对角排列的现象一致。

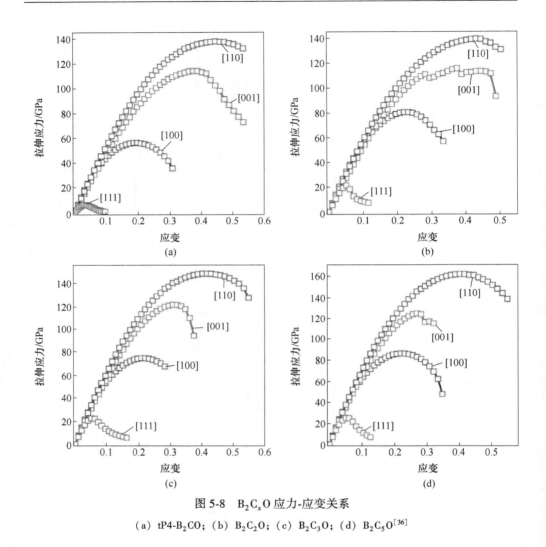

图 5-8 B_2C_xO 应力-应变关系

（a）tP4-B_2CO；（b）B_2C_2O；（c）B_2C_3O；（d）B_2C_5O[36]

5.6   电学性质

5.6.1   常压电学性质

考虑到第 2 章给出了 tP4 结构的电子能带结构，为了避免重复赘述，这里研究并列出 3 种 B_2C_xO（$x=2$，3，5）的结构电学性质。如图 5-9 所示，3 种结构的 B_2C_xO（$x=2$，3，5）化合物都是半导体材料。同时仔细观察 3 种 B_2C_xO 结构可以发现，B_2C_2O 和 B_2C_3O 都是直接带隙半导体（价带最高点和导带最低点均位于 G 点），而 B_2C_5O 的价带最高点位于 G 点，导带最低点均位于 M 点，表明

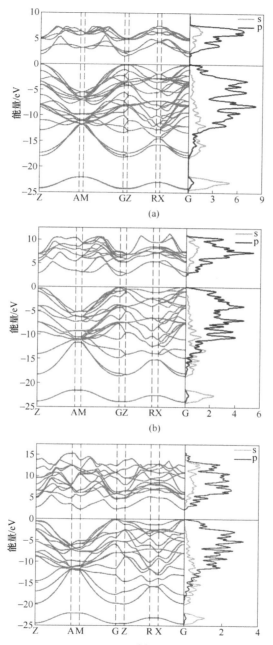

图 5-9　基于 LDA 算法计算常压下 B_2C_xO ($x=2$, 3, 5) 的

电子能带结构和分波态密度

（费米能级以水平实线表示）

（a）B_2C_2O；（b）B_2C_3O；（c）B_2C_5O

B_2C_5O 属于间接带隙半导体，这和 B_2CO 情况一样。此研究结果也与张美光等人的报道吻合[36]。B_2C_2O、B_2C_3O、B_2C_5O 三者带隙值分别为 1.623eV、2.304eV 和 2.252eV。其中 B_2C_5O 在 G 点存在一个伪带隙，带隙宽度达 2.333eV，仅比间接带隙的 2.252eV 高 3.6%，这表明 B_2C_5O 不同于一般的间接带隙，是一类"准"直接带隙半导体。

为了分析 3 种 B_2C_xO 结构中的化学键特性，还研究了常压下结构的分波态密度。基于轨道杂化理论：若 1 个 s 轨道与 3 个 p 轨道杂化形成 4 个轨道能量完全一样的 sp^3 杂化轨道，此时分波态密度图中所有 s 轨道和 p 轨道的能量窗口完全一致；若 1 个 s 轨道与 2（或 1）个 p 轨道杂化形成 3（或 2）个轨道能量完全一样的 sp^2（sp）杂化轨道，成键过程中尚有 1（或 2）个未参与 s-p 杂化的 p 轨道，且由于 p 轨道能量比 s 轨道能量高，此时分波态密度图中 p 轨道的能量窗口完全涵盖 s 轨道的能量窗口，且高能区部分存在 p 轨道而无 s 轨道的现象。根据以上分析，结合图 5-9，s 轨道和 p 轨道能量窗口完全重叠，也即说明在 3 种 B_2C_xO 结构中所有的 B-C 和 B-O 共价键均为 sp^3 杂化。

考虑到 LDA 算法低估带隙[54,55]，可能导致对 3 种 B_2C_xO 具体带隙判断不准，进而影响对其导电与否的判断，这里进一步考虑用更为精确但是更为费事的杂化泛函 HSE06 进行 3 种 B_2C_xO 电子能带结构和态密度的计算[55,56]。

如图 5-10 所示，B_2C_2O、B_2C_3O 和 B_2C_5O 都属于半导体，其带隙分别为 2.655eV、3.361eV 和 3.358eV。其中 B_2C_2O 和 B_2C_3O 二者的价带最高点和导带最低点均位于 G 点，因此它们属于直接带隙半导体。而 B_2C_5O 的价带最高点位于 G 点，导带最低点均位于 M 点，属于间接带隙半导体。关于直接/间接带隙半导体的分析与基于 LDA 的计算结论一致。值得注意的是在 B_2C_5O 的能带图中，高对称点 G 上存在一个与真实带隙相近的带隙宽度，对应的宽度为 3.364eV，仅比真实带隙 3.358eV 高 0.179%。

5.6.2　高压对电学性质的影响

鉴于压力对材料电学性质可能存在的影响，最后研究了 0～100GPa（间隔 10GPa 取样）下 3 种 B_2C_xO（x＝2，3，5）结构带隙随压力的变化。如图 5-11 所示，压力对 B_2C_2O 和 B_2C_3O 的影响主要体现为降低带隙，尤其是 B_2C_2O 的带隙降低情况更为明显，100GPa 带隙降低 0.302eV，降幅为 18.6%，而 B_2C_3O 带隙降低 0.021eV，降幅仅为 0.9%，表明 B_2C_3O 在压力作用下具有良好的电学性质稳定性，适用于变压环境下的电子元器件使用。对于 B_2C_5O 则存在着先带隙增大后带隙降低的情况，其在 20GPa 达到带隙最高值 2.298eV，随后随着压力增大到 100GPa，带隙下降到 2.199eV。

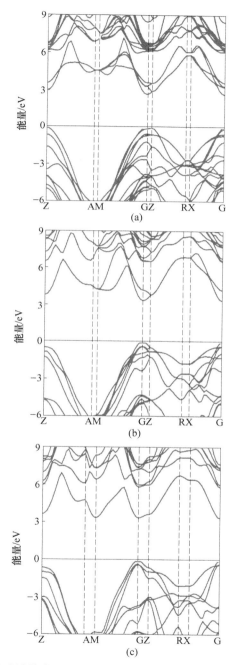

图 5-10 基于 HSE06 算法计算常压下 B_2C_xO（$x=2$，3，5）的电子能带结构和分波态密度
（费米能级以水平实线表示）
（a）B_2C_2O；（b）B_2C_3O；（c）B_2C_5O

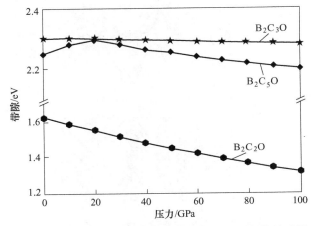

图 5-11　B₂CₓO（$x = 2$，3，5）的带隙随压力变化关系图

5.7　热力学性质

5.7.1　零点振动能

　　考虑到轻元素构成的物质，其零点振动及其振动能较为明显，因而基于声子振动的详细研究计算了 3 种 B₂CₓO（$x = 2$，3，5）结构零点振动能 E_{zp}，计算公式见式（2-7）。计算所得三者的 E_{zp} 分别为 B₂C₂O 2.823eV、B₂C₃O 1.776eV 和 B₂C₅O 1.250eV，鉴于三者结构模型中分别含有 4 倍 B₂C₂O 分子式、2 倍 B₂C₃O 分子式和单倍 B₂C₅O 分子式，归一化处理后发现 B₂C₂O、B₂C₃O 和 B₂C₅O 的分子式零点振动能分别为 0.706eV、0.888eV 和 1.250eV。对比发现随着分子式中碳含量的增加，其零点振动能也逐步提升。

5.7.2　热力学物理量

　　一般而言，可以通过声子振动模拟温度引起的热振动，评估振动对具体温度下材料的热力学性质（如焓 H、熵 S、吉布斯自由能 G、晶格热容 C_V 等）的贡献，获取相应热力学性质与温度的关系，来实现研究材料体系在非 0K 下的热力学性质。Baroni 等人基于声子振动及其态密度的研究，提出了温度对热力学性质（如焓、熵、吉布斯自由能、晶格热容等）的贡献度算法[57]，见第 2 章热力学部分公式（2-6）~式（2-10）。

　　图 5-12 为 0~2000K 温度范围内，B₂C₂O、B₂C₃O 和 B₂C₅O 三者热力学物理量如吉布斯自由能 G、熵 S、焓 H 与温度 T 之间的关系。为了能够直观对比与分析，此处以 $S \times T$ 的形式给出能量值。此外，鉴于三者结构模型中分别含有 4 倍、

2 倍和 1 倍分子式，归一化处理后发现相同温度下三者的熵值呈现 $S(B_2C_2O) <$ $S(B_2C_3O) < S(B_2C_5O)$ 的关系，这是由三者分子式中所含原子量 C 原子递增、分子式质量递增导致的。

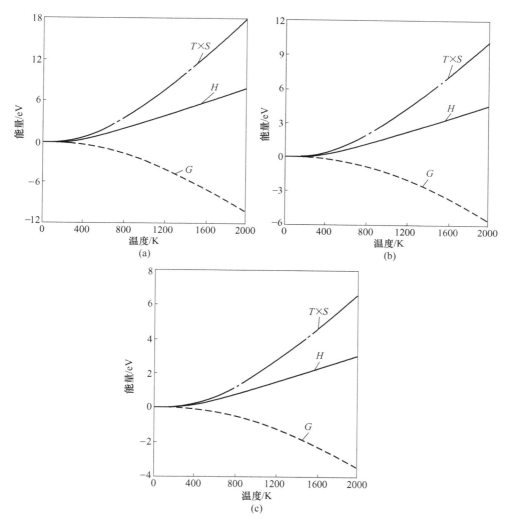

图 5-12　B_2C_2O（a）、B_2C_3O（b）和 B_2C_5O（c）的热力学物理量与温度 T 之间的关系

0~2000K 温度范围内，随着温度升高，三者结构的焓值 H 均伴随着 $S \times T$ 同步增大，而吉布斯自由能 G 则随着温度升高而持续降低。此外，研究发现 B_2C_2O、B_2C_3O 和 B_2C_5O 结构的吉布斯自由能 G、熵 S、焓 H 在任何温度下均满足 $G=H-T \times S$。研究发现，在绝对零度到室温时，三者的 G、S 和 H 曲线均在零附近，表明低温范围内，温度对热力学能如吉布斯自由能 G、熵 S 和焓 H 影响

较小。而当温度继续升高，温度对热力学能量如 G、S 和 H 影响快速显现且呈加大趋势。

5.7.3　热容和德拜温度

此外，考虑到声子振动对热容的影响，研究了 B_2C_2O、B_2C_3O 和 B_2C_5O 三者热容 C_V 与温度 T 之间的关系，如图 5-13（a）所示。从图 5-13（a）可以看出，温度在低温范围内对热容影响明显。三者热容在低温段均随着温度升高而增大，这说明低温时，热容并不是一个恒量，在接近绝对零度时，热容按 T^3 的规律趋近于零。由于三者单胞结构分别含有 4 倍 B_2C_2O、2 倍 B_2C_3O 和 1 倍 B_2C_5O，对应 $1cal/(cell \cdot K)$ 分别约为 $1.051J/(mol \cdot K)$、$2.102J/(mol \cdot K)$ 和 $4.204J/(mol \cdot K)$。在高温段，三者热容缓慢增加并趋近于 $3NR$（$R = 8.314$ $J/(mol \cdot K)$，N 为化合物分子式中原子总数），这与热力学中杜隆-珀替定律和柯普定律一致。

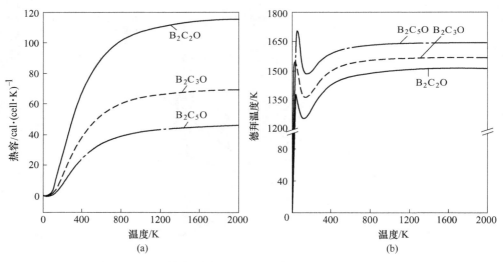

图 5-13　B_2C_2O、B_2C_3O 和 B_2C_5O 的热容 C_V（a）和德拜温度 θ_D
（b）与温度 T 之间的关系

图 5-13（b）为 $0 \sim 2000K$ 温度范围内，B_2C_2O、B_2C_3O 和 B_2C_5O 三者德拜温度 θ_D 与温度 T 之间的关系。可以看出，低温范围内德拜温度 θ_D 随温度 T 剧增，随后德拜温度会出现先降后升的变化，而温度升高到 600K 以上高温，德拜温度趋近于一个固定值。其中 B_2C_2O、B_2C_3O 和 B_2C_5O 的德拜温度高温恒量值存在着明显差别，分别为 1511K、1569K 和 1643K。室温是研究材料过程中常被考虑的典型温度，而 B_2C_2O、B_2C_3O 和 B_2C_5O 三者在 300K 室温时，德拜温度分别为 1385K、1460K 和 1552K，呈现出随着分子式质量增大而升高的态势。

5.8 本章小结

综上所述，通过第一性原理研究，采用结构搜索技术，结合第一原理计算，提出了3种三元 B-C-O 化合物 B_2C_xO（$x \geqslant 2$），并系统地研究了三元 B_2C_xO（$x \geqslant 2$）化合物在室压条件下的晶体结构和性质。在 B_2C_2O、B_2C_3O 和 B_2C_5O 中，分别发现了 $I4_1/amd$、$I\bar{4}m2$ 和 $P\bar{4}m2$ 空间群构型的新型四方类金刚石结构。经形成焓、独立弹性常数、声子散射图谱及声子态密度分析，它们都是热力学、弹性力学和动力学稳定的。

研究表明 B_2C_xO（$x = 2, 3, 5$）是超硬材料。随着 C 含量增大，B_2C_xO 的力学模量和硬度均增大，且泊松比减小，说明随着 C 含量增大，有利于形成共价 sp^3C-C 多面体堆积结构，有利于提高材料的弹性模量和硬度。且随着 C 含量增大，B_2C_xO 的各向异性程度越来越小。结构的杨氏模量最大值如 B_2C_2O（732GPa）、B_2C_3O（757GPa）和 B_2C_5O（864GPa）都是沿 [1 0 0] 方向，而它们杨氏模量的最小值如 B_2C_2O（543GPa）、B_2C_3O（584GPa）和 B_2C_5O（734GPa）分别位于各自的 [1 1 1]、[0 0 1]、[0 0 1] 方向。对 B_2C_3O 和 B_2C_5O 而言，$E_{[100]} > E_{[011]} > E_{[110]} > E_{[111]} > E_{[001]}$。$B_2C_5O$ 在 （0 0 1）和 （1 0 0）剪切平面内的各向异性最低，此外其他 B_2C_xO 构型的最小剪切模量均分布在 （0 0 1）基底平面内。

电学性质的研究说明 B_2C_2O、B_2C_3O 和 B_2C_5O 都属于半导体，其带隙分别为 2.655eV、3.361eV 和 3.358eV。压力对 B_2C_2O 和 B_2C_3O 的影响主要体现为降低带隙，B_2C_2O 带隙改变情况显著，而 B_2C_3O 带隙降低非常缓慢。对于 B_2C_5O 则存在着先带隙增大后带隙降低的情况，其在 20GPa 达到带隙最高值 2.298eV，随后带隙下降。热力学研究表明随着分子式中碳含量的增加，B_2C_xO 零点振动能及熵值均逐步提升。B_2C_2O、B_2C_3O 和 B_2C_5O 的高温德拜温度分别趋近于 1511K、1569K 和 1643K，均比 B_2CO 高。此外，三者的热容满足杜隆-珀替定律和柯普定律一致。

参 考 文 献

［1］Tian Y J, Xu B, Zhao Z S. Microscopic theory of hardness and design of novel superhard crystals ［J］. Int. J. Refract. Met. H., 2012, 33: 93-106.

［2］Li Q, Wang H, Ma Y M. Predicting new superhard phases ［J］. J. Superhard Mater., 2010, 32: 192-204.

［3］Kurakevych O O. Superhard phases of simple substances and binary compounds of the B-C-N-O system: from diamond to the latest results (a review) [J]. J. Superhard Mater. , 2009, 31: 139-157.

[4] Bundy F, Hall H T, Strong H, et al. Man-made diamonds [J]. Nature, 1955, 176: 51-55.

[5] Wentorf R. H. . Cubic Form of Boron Nitride [J]. J. Chem. Phys. , 1957, 26 (4): 956.

[6] Zhao Y, He D W, Daemen L L, et al. Superhard B-C-N materials synthesized in nanostructured bulks [J]. J. Mater. Res. , 2002, 17: 3139-3145.

[7] Solozhenko V L, Andrault D. , Fiquet G, et al. Synthesis of superhard cubic BC_2N [J]. Appl. Phys. Lett. , 2001, 78: 1385-1387.

[8] He J L, Tian Y J, Yu D L, et al. Orthorhombic B_2CN crystal synthesized by high pressure and temperature [J]. Chem. Phys. Lett. , 2001, 340: 431-436.

[9] Komatsu T, Nomura M, Kakudate Y, et al. Synthesis and characterization of a shock-synthesized cubic B-C-N solid solution of composition $BC_{2.5}N$ [J]. J. Mater. Chem. , 1996, 6: 1799-1803.

[10] Nakano S, Akaishi M, Sasaki T, et al. Segregative crystallization of several diamond-like phases from the graphitic BC_2N without an additive at 7.7 GPa [J]. Chem. Mater. , 1994, 6: 2246-2251.

[11] Knittle E, Kaner R B, Jeanloz R, et al. High-pressure synthesis, characterization, and equation of state of cubic C-BN solid solutions [J]. Phys. Rev. B, 1995, 51: 12149-12156.

[12] Solozhenko V L, Kurakevych O O, Andrault D, et al. Ultimate metastable solubility of boron in diamond: synthesis of superhard diamondlike BC_5 [J]. Phys. Rev. Lett. , 2009, 102: 015506.

[13] Zinin P V, Ming L C, Ishii H A, et al. Phase transition in BC_x system under high-pressure and high-temperature: synthesis of cubic dense BC_3 nanostructured phase [J]. J. Appl. Phys. , 2012, 111: 114905.

[14] Solozhenko V L, Kurakevych O O, Oganov A R. On the hardness of a new boron phase, orthorhombic γ-B_{28} [J]. J. Superhard Mater. , 2008, 30: 428-429.

[15] He D W, Zhao Y S, Daemen L, et al. Boron suboxide: As hard as cubic boron nitride [J]. Appl. Phys. Lett. , 2002, 81: 643-645.

[16] Endo T, Sato T, Shimada M. High-pressure synthesis of B_2O with diamond-like structure [J]. J. Mater. Sci. Lett. , 1987, 6: 683-685.

[17] Solozhenko V L, Kurakevych O O, Turkevich V Z, et al. Phase diagram of the B-B_2O_3 system at 5 GPa: experimental and theoretical studies [J]. J. Phys. Chem. B, 2008, 112: 6683-6687.

[18] Zhogolev D A, Bugaets O P, Marushko I A. Compounds isoelectronic with diamond as a basis for the creation of new hard and super-hard materials [J]. J. Struct. Chem. , 1981, 22: 33-38.

[19] Garvie L A J, Hubert H, Petuskey W T, et al. High-pressure, high-temperature syntheses in the B-C-N-O system [J]. J. Solid State Chem. , 1997, 133: 365-371.

[20] Hubert H, Garvie L A J, Devouard B, et al. High-pressure, high-temperature Syntheses of super-hard a-rhombohedral boron-rich solids in the BCNO [C]. Mat. Res. Soc. Symp. proc, 1998, 499: 315-320.

[21] Bolotina N B, Dyuzheva T I, Bendeliani N A. Atomic structure of boron suboxycarbide B(C, O)$_{0.155}$ [J]. Crystallogr. Rep. , 2001, 46: 734-740.

[22] Li Y, Li Q, Ma Y. B_2CO: A potential superhard material in the B-C-O system [J]. EPL (Europhysics Letters), 2011, 95: 66006.

[23] Wang S, Oganov A R, Qian G, et al. Novel superhard B-C-O phases predicted from first principles [J]. Phys. Chem. Chem. Phys., 2016, 18: 1859-1863.

[24] Zheng B, Zhang M, Wang C. Exploring the Mechanical Anisotropy and Ideal Strengths of Tetragonal B_4CO_4 [J]. Materials, 2017, 10: 128.

[25] Nuruzzaman M, Alam M A, Shah M A H, et al. Investigation of thermodynamic stability, mechanical and electronic properties of superhard tetragonal B_4CO_4 compound: ab initio calculations [J]. Comput. Condens. Mat., 2017, 12: 1-8.

[26] Li Z, Gao F, Xu Z. A pseudo-tetragonal phase of superhard B_8C_{16} (N_6CO) [J]. Comput. Mater. Sci., 2012, 62: 55-59.

[27] Wang Y C, Lv J A, Zhu L, et al. Crystal structure prediction via particle-swarm optimization [J]. Phys. Rev. B, 2010, 82: 094116.

[28] Wang Y C, Lv J, Zhu L, et al. CALYPSO: A method for crystal structure prediction [J]. Comput. Phys. Commun., 2012, 183: 2063-2070.

[29] Li Q, Ma Y, Oganov A R, et al. Superhard monoclinic polymorph of carbon [J]. Phys. Rev. Lett., 2009, 102: 175506.

[30] Zhang M, Liu H, Li Q, et al. Superhard BC_3 in cubic diamond structure [J]. Phys. Rev. Lett., 2015, 114: 015502.

[31] Clark S J, Segall M D, Pickard C J, et al. First principles methods using CASTEP [J]. Z. Krist. Cryst. Mater., 2005, 220: 567-570.

[32] Ceperley D M, Alder B J. Ground state of the electron gas by a stochastic method [J]. Phys. Rev. Lett., 1980, 45: 566-569.

[33] Perdew J P, Zunger A. Self-interaction correction to density-functional approximations for many-electron systems [J]. Phys. Rev. B, 1981, 23: 5048-5079.

[34] Vanderbilt D. Soft self-consistent pseudopotentials in a generalized eigenvalue formalism [J]. Phys. Rev. B, 1990, 41: 7892-7895.

[35] Montanari B, Harrison N. Lattice dynamics of TiO_2 rutile: influence of gradient corrections in density functional calculations [J]. Chem. Phys. Lett., 2002, 364: 528-534.

[36] Zhang M, Yan H, Zheng B, et al. Influences of carbon concentration on crystal structures and ideal strengths of B_2C_xO compounds in the BCO system [J]. Sci. Rep., 2015, 5: 15481.

[37] Mouhat F, Coudert F. Necessary and sufficient elastic stability conditions in various crystal systems [J]. Phys. Rev. B, 2014, 90: 224104.

[38] Togo A, Oba F, Tanaka I. First-principles calculations of the ferroelastic transition between rutile-type and $CaCl_2$-type SiO_2 at high pressures [J]. Phys. Rev. B, 2008, 78: 134106.

[39] Freiman Y A, Jodl H. -J. Solid oxygen [J]. Phys. Rep., 2004, 401: 1-228.

[40] Grumbach M P, Sankey O F, McMillan P F. Properties of B_2O: An unsymmetrical analog of carbon [J]. Phys. Rev. B, 1995, 52: 15807-15811.

[41] Li Q, Chen W J, Xia Y, et al. Superhard phases of B_2O: An isoelectronic compound of diamond [J]. Diam. Relat. Mater., 2011, 20: 501-504.

[42] Birch F. The effect of pressure upon the elastic parameters of isotropic solids, according to Mur-

naghan's theory of finite strain [J]. J. Appl. Phys. , 1938, 9: 279-288.

[43] Ross M, Young D A. Theory of the equation of state at high pressure [J]. Annu. Rev. Phys. Chem. , 1993, 44: 61-87.

[44] Cohen R E, Gülseren O, Hemley R J. Accuracy of equation-of-state formulations [J]. Am. Mineral. , 2000, 85: 338-344.

[45] Ranganathan S I, Ostoja-Starzewski M. Universal elastic anisotropy index [J]. Phys. Rev. Lett. , 2008, 101: 055504.

[46] He Y, Schwarz R B, Migliori A, et al. Elastic constants of single crystal γ-TiAl [J]. J. Mater. Res. , 1995, 10: 1187-1195.

[47] Nye J F. Physical properties of crystals: their representation by tensors and matrices [M], Oxford University Press, 1985.

[48] Roundy D, Krenn C, Cohen M L, et al. Ideal shear strengths of fcc aluminum and copper [J]. Phys. Rev. Lett. , 1999, 82: 2713.

[49] Roundy D, Krenn C, Cohen M L, et al. The ideal strength of tungsten [J]. Philos. Mag. A, 2001, 81: 1725-1747.

[50] Karki B B, Ackland G J, Crain J. Elastic instabilities in crystals from ab initio stress-strain relations [J]. J. Phys. Condens. Matter, 1997, 9: 8579.

[51] Krenn C R, Roundy D, Morris J W, et al. Ideal strengths of bcc metals [J]. Mat. Sci. Eng. A, 2001, 319: 111-114.

[52] Zhang Y, Sun H, Chen C. Atomistic deformation modes in strong covalent solids [J]. Phys. Rev. Lett. , 2005, 94: 145505.

[53] 刘银娟, 贺端威, 王培, 等. 复合超硬材料的高压合成与研究 [J]. 物理学报, 2017, 66: 201-219.

[54] Yakovkin I N, Dowben P A. The problem of the band gap in LDA calculations [J]. Surf. Rev. Lett. , 2007, 14: 481-487.

[55] Broqvist P, Alkauskas A, Pasquarello A. Defect levels of dangling bonds in silicon and germanium through hybrid functionals [J]. Phys. Rev. B, 2008, 78: 075203.

[56] Krukau A V, Vydrov O A, Izmaylov A F, et al. Influence of the exchange screening parameter on the performance of screened hybrid functionals [J]. J. Chem. Phys. , 2006, 125: 224106.

[57] Baroni S, de Gironcoli S, Dal Corso A, et al. Phonons and related crystal properties from density-functional perturbation theory [J]. Rev. Mod. Phys. , 2001, 73: 515-562.

6 非金刚石等电子体系列B-C-O 化合物高硬结构

6.1 概述

自从 1997 年，B-C-O化合物（$B_6C_{1.1}O_{0.33}$ 和 $B_6C_{1.28}O_{0.31}$）被高压试验成功合成后[1,2]，B-C-O化合物开始进入备受关注的科研领域。2001 年，人们以等物料比的 B_4C 和 B_2O_3 作为反应物，在 5.5GPa 高压和 1400K 高温下成功制备出硼的亚碳氧化合物 $B(C,O)_{0.1555}$[3]。虽然所有试验合成的B-C-O样品均为非化学计量比的化合物，但是关于B-C-O化学计量比化合物的研究从未中断。

随着计算材料学的不断发展与完善，科研人员将目光转向B-C-O化合物的理论研究。作为具有与金刚石等电子体且最简配比的B-C-O化合物，B_2CO 首先被我国学者李印威等人展开研究[4]。通过对 B_2CO 结构的研究分析，李提出了两种 B_2CO 多晶型（tP4-B_2CO 和 tI16-B_2CO），它们是具有超硬力学属性的半导体材料。李认为在B-C-O化合物系列中，例如 B_2C_xO（$x=2$，3，…），随着 C 含量的升高会出现更多 sp^3 杂化的 C—C 共价键，材料也会越来越硬[4]。随后张美光等人通过研究证实了李印威等人的观点[5]。张美光等人提出了三种类金刚石结构的 B_2C_xO（$x \geq 2$）相（$I4_1/amd$-B_2C_2O、$I\bar{4}m2$-B_2C_3O 和 $P\bar{4}m2$-B_2C_5O）。通过评估碳含量与力学性质的关系，张美光等人发现高的碳含量将有利于提升 B_2C_xO 的力学性质（如各种模量、理想强度)[5]。

在研究B-C-O化合物体系后，王胜男等人提出了超硬的四方晶系 B_4CO_4 相，不同于先前提出的超硬B-C-O化合物，B_4CO_4 相是非金刚石等电子体结构[6]。B_4CO_4 相的力学性质和电学性质也被系统研究[7,8]。通过研究发现 B_4CO_4 相中在（0 0 1）[1 0 0]滑移系存在的强度最高仅为 27.5GPa，这说明 B_4CO_4 相本质上并不是超硬材料而是高硬材料。

虽然所有提出来的 B_2C_xO（$x \geq 1$）超硬相和"赝"超硬相 B_4CO_4 都是四方晶系结构，我们在前期研究工作中提出了一种非四方晶系的 B_2CO 超硬相，该结构类蓝丝黛尔石结构[9]，这些研究成果丰富了B-C-O化合物的结构体系。2019 年，乔等人采用密度泛函理论全面研究了超硬 B_2CO 化合物在高压下的物理性质[10]。研究揭示 tP4-B_2CO、tI16-B_2CO 和 oP8-B_2CO 三种超硬相的带隙均随着压力升高而增大，此外在高压下 tP4-B_2CO 的杨氏模量各向异性最大而 tI16-B_2CO

的杨氏模量最小。受到目前所有研究的超硬B-C-O体系超硬材料均具有与碳同素异形体类似的晶体结构，例如金刚石和蓝丝黛尔石，我们提出了两种新型 B_2CO 超硬材料，它们的结构分别可通过 Cco-C8 和 Bct-C4 推演得到[11]。

目前，B-C-O化合物不仅仅在三维周期结构方面备受关注，在二维材料方面也吸引了广泛的研究兴趣。大连理工大学的周思和赵纪军教授在研究二维变组分B-C-O材料时，发现二维B-C-O材料是一类潜在的电子元器件材料[12]。通过调节 B∶O 原子比，可以实现二维B-C-O材料电学性质的转化：当 B∶O=1∶1 和 3∶1 时，呈现金属导电性；当比值为 2∶1 时出现半导体特性，此时带隙宽度为 1.0~3.9eV[12]。

在这里，基于结构搜索程序和对独立弹性常数和声子色散图谱的分析，提出了非常规金刚石等电子体的B-C-O化合物：空间群为 $I\bar{4}m2$ 的 $B_6C_4O_2$。此外，王等人在探究 0~50GPa 范围内B-C-O体系时，除了提出 23GPa 高压下稳定存在的 $I\bar{4}$-B_4CO_4 相，还提出了两种亚稳相[6]：（1）空间群 P1 的 $B_6C_2O_5$；（2）空间群 C2/m 的 B_2CO_2。本章将以上述 4 种非金刚石等电子体B-C-O化合物为研究对象，介绍该新型结构的力学和电学性质，同时还详述了其力学各向异性。

6.2　计算方法

采用结构预测程序 CALYPSO[13~15]，在常压条件下搜索非固定化学计量比的B-C-O化合物潜在多晶型结构。一旦从 CALYPSO 中产生出新结构，与其相关的结构优化、弹性常数计算、声子色散分析和物理性质研究都在 CASTEP 程序[16]中执行。整个研究过程中采用的是局域密度泛函的 CA-PZ 型函数作为交换关联泛函[17,18]。几何优化是基于 BFGS 算法[19]进行的，同时优化过程中的离子迭代会一直持续下去直到同时满足以下条件：每原子受力不超过 0.01eV/Å，原子位移小于 5×10^{-4}Å，前后两步能量改变不高于 5×10^{-6}eV/atom 且应力分量不超过 0.02GPa。所有原子的电子结构是基于模守恒赝势描述的[20,21]，其中截断能统一设置为 960eV。为了保证计算精度在 1meV 以内，布里渊区 K 点是采用 Monkhorst-Pack 网格划分产生的[22,23]，其中网格划分密度为 $2\pi \times 0.04$Å^{-1}。

为了确保获得的结构是弹性力学和动力学稳定的，计算了结构的弹性力学参数和声子振动频率。对于弹性力学参数，采用应力应变法在 CASTEP 程序中执行，其中最大应变为 0.003，共分为 9 步。由于声子谱的计算量非常巨大，这里的计算是以原胞为模型，采用超软赝势[19]和有限位移[24]的方法计算的。

6.3　优化结构

变化学计量比的B-C-O化合物作为潜在的结构被广泛研究。除了已知结构如

金刚石等电子体 B_2C_xO（$x=1$，2，3，5）化合物系列和非金刚石等电子体B-C-O化合物系列（空间群 $I\bar{4}$ 的 B_4CO_4，空间群 P1 的 $B_6C_2O_5$，空间群 C2/m 的 B_2CO_2，结构分别如图 6-1（a）～（c）所示，这里按 C 原子含量升高排布排列），我们从成千上万个候选结构中找到了一个新型B-C-O化合物结构。

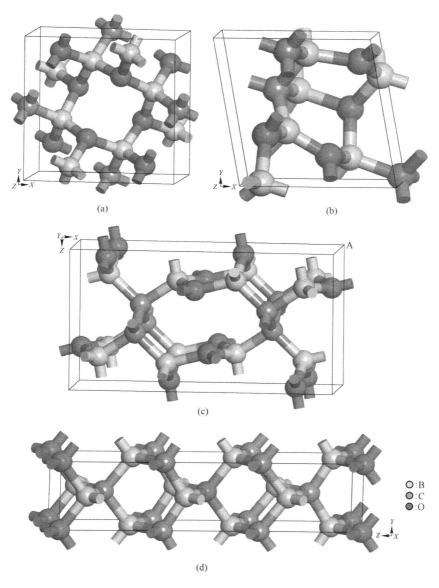

(a)

(b)

(c)

(d)

○:B
○:C
●:O

图 6-1 4 种 $B_xC_yO_z$ 晶体结构图
（a）B_4CO_4；（b）$B_6C_2O_5$；（c）B_2CO_2；（d）$B_6C_4O_2$

该结构是具有体心（1/2，1/2，1/2）对称的四方晶系结构，其 Laue Class 为 4/mmm、点群$\bar{4}$2m，结构单胞中含有 1 倍的分子式单元。这个我们发掘的新结构是空间群为 I$\bar{4}$m2 的 $B_6C_4O_2$ 化合物，每个单胞中含有 12 个原子，故而命名为 tI12-$B_6C_4O_2$，其结构如图 6-1（d）所示。考虑到这些非金刚石等电子体的B-C-O化合物，在本章中一并阐述上述 4 种B-C-O化合物，同时由于它们的结构和化学均不相同，故本章中为了叙述简洁将采用化学式表达各物质。

$B_6C_4O_2$ 结构中所有的碳原子都与周边 4 个硼原子成键并形成 [CB4] 四面体，所有的氧原子也都与近邻 4 个硼原子结合形成 [OB4] 四面体，这也意味着结构中不存在 C—O。在室压下，$B_6C_4O_2$ 的晶格参数为 $a = 2.617\text{Å}$，$c = 11.226\text{Å}$，结构中硼原子占据原子 Wyckoff 位置为 $4f$(0，0.5，0.587) 和 $2c$(0，0.5，0.25)，碳原子占据 $4e$(0，0，0.341) 位置，氧原子占据 $2a$(0，0，0) 位置。对于 B_4CO_4、$B_6C_2O_5$ 和 B_2CO_2，有关结构描述和结构信息如晶胞参数、原子位置等在王胜男等人的研究中有详细报道[6]，这里不再赘述。对比 B_4CO_4、$B_6C_2O_5$、B_2CO_2 和 $B_6C_4O_2$，可以发现 C 的原子含量逐渐增大，且 $B_6C_4O_2$ 结构中原子均为 4 配位环境并形成 sp^3 杂化共价键，而 B_4CO_4、$B_6C_2O_5$ 和 B_2CO_2 结构中则存在呈 3 配位环境的原子，其中 B_4CO_4 和 B_2CO_2 结构中存在着明显的孔洞。

6.4 稳定性分析

6.4.1 弹性力学稳定性

对于具有 4/mmm Laue Class 的四方晶系结构 $B_6C_4O_2$，弹性力学稳定性的充分必要条件见式(2-1)[25]。对于具有 4/m Laue Class 的四方晶系结构 B_4CO_4，弹性力学稳定性的充分必要条件为[25]：

$$C_{44} > 0,\ C_{11} > |C_{12}|,\ (C_{11} + C_{12})C_{33} > 2C_{13}^2,\ (C_{11} - C_{12})C_{66} > 2C_{16}^2$$

$$(6\text{-}1)$$

对于低级晶系的结构如三斜晶系 $B_6C_2O_5$ 和单斜晶系 B_2CO_2 而言，它们的独立弹性常数分别高达 21 个和 13 个，对应的稳定性判据数学表达式非常复杂，比较简练的方式是通过弹性参数矩阵的特征值均为正值来校验其稳定性[25]。

这里，在常压下，计算 B_4CO_4、$B_6C_2O_5$、B_2CO_2 和 $B_6C_4O_2$ 这 4 种结构的弹性常数，分别如下列矩阵 $a \sim d$ 所示（单位均为 GPa）。计算结果表明，独立弹性常数均满足式（6-1）所示的充分必要条件，证明了这 4 种B-C-O化合物结构的弹性力学稳定性。

4 种 $B_xC_yO_z$ 物质（B_4CO_4、$B_6C_2O_5$、B_2CO_2 和 $B_6C_4O_2$）的弹性力学矩阵如

下所示。

$$
\begin{array}{cccccc}
525.6 & 162.9 & 149.8 & & & -61.4 \\
\cdots\cdots & 525.6 & 149.8 & & & 61.4 \\
\cdots\cdots & \cdots\cdots & 494.1 & & & \\
& & & 294.6 & & \\
& & & & 294.6 & \\
\cdots\cdots & \cdots\cdots & & & & 280.4
\end{array}
$$

矩阵 a

$$
\begin{array}{cccccc}
529.7 & 103.0 & 33.5 & 7.0 & -7.9 & -72.4 \\
\cdots\cdots & 514.9 & 82.8 & -53.3 & -3.9 & -3.0 \\
\cdots\cdots & \cdots\cdots & 571.8 & -17.7 & -90.7 & -15.4 \\
& & & 200.9 & -27.1 & -15.1 \\
& & & & 159.9 & 8.1 \\
\cdots\cdots & \cdots\cdots & \cdots\cdots & & \cdots\cdots & 208.6
\end{array}
$$

矩阵 b

$$
\begin{array}{cccccc}
592.4 & 121.2 & 68.9 & & & -76.6 \\
\cdots\cdots & 774.4 & 134.9 & & & 7.4 \\
\cdots\cdots & \cdots\cdots & 617.0 & & & 50.5 \\
& & & 244.1 & & -12.2 \\
& & & & 207.3 & \\
\cdots\cdots & \cdots\cdots & \cdots\cdots & & & 259.9
\end{array}
$$

矩阵 c

$$
\begin{array}{cccccc}
538.3 & 152.8 & 164.7 & & & \\
\cdots\cdots & 538.3 & 164.7 & & & \\
\cdots\cdots & \cdots\cdots & 557.0 & & & \\
& & & 219.0 & & \\
& & & & 219.0 & \\
& & & & & 120.2
\end{array}
$$

矩阵 d

6.4.2 动力学稳定性

声子色散图谱中如果存在虚频，则表明结构动力学不稳定，容易发生扭曲变形等，如果某物质晶体结构的声子色散图谱中不存在虚频，则表明该结构相对而言稳定。为此，计算了 B_4CO_4、$B_6C_2O_5$、B_2CO_2 和 $B_6C_4O_2$ 这 4 种结构的声子色散关系，如图 6-2 所示。$B_6C_4O_2$ 结构在整个 Brillouin 区都没有声子虚频，证明了其动力学的稳定性。同时观察 B_4CO_4、$B_6C_2O_5$、B_2CO_2 的声子色散，发现它们也完全没有虚频，此外 $B_6C_2O_5$ 和 $B_6C_4O_2$ 分别为 4 种非金刚石等电子体B-C-O化合物中最高振动频率最大和最小的物相。B_4CO_4、$B_6C_2O_5$、B_2CO_2 和 $B_6C_4O_2$，4 种结构模型在整个 Brillouin 具有的最高振动频率分别为 38.40THz、39.45THz、36.68THz 和 36.55THz。

6.4.3 热力学稳定性

基于高压下B-C-O三元相图（见图 6-3(a)）的研究，王胜男等人证明了 B_4CO_4

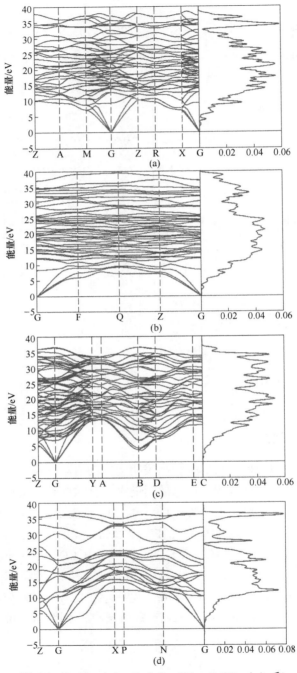

图 6-2　B_4CO_4（a）、$B_6C_2O_5$（b）、B_2CO_2（c）和
$B_6C_4O_2$（d）室压下的声子色散及声子态密度图谱

在高压（23GPa 以上时）下的热力学稳定性，同时 B_4CO_4 相对于 B_2CO 和 B_2O_3 的形成焓随压力变化关系（见图 6-3（b））的研究，证明了 B_4CO_4 可由 B_2CO 和 B_2O_3 通过高压合成。通过对高压凸包图的研究，王胜男等人发现 $B_6C_2O_5$ 和 B_2CO_2 在 23GPa 下仅比稳定态能量高 0.045eV 和 0.087eV，表明 $B_6C_2O_5$ 和 B_2CO_2 是 B-C-O 三元化合物体系中的亚稳相[6]。

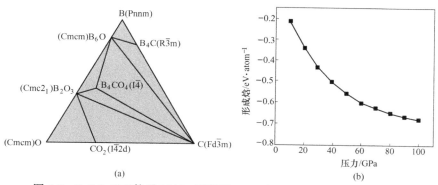

(a)　　　　　　　　　　　　(b)

图 6-3　B-C-O 三元体系 25GPa 下相图（a）和 $B_2CO+B_2O_3 \longrightarrow B_4CO_4$
反应的形成焓随压力变化关系[6]（b）

为了指导将来的实验合成，这里有必要开展 $B_6C_4O_2$ 结构热力学稳定性的研究。通过化合物与硼、碳、氧各单质之间的焓值差来表征 $B_6C_4O_2$ 的形成焓 ΔH，同时研究了形成焓与压力的关系，如图 6-4 所示，图中内插表为不同压力下形成焓的具体数据。

$$\Delta H = H(B_6C_4O_2) - 6H(B) - 4H(C) - 2H(O) \tag{6-2}$$

这里选择常见的 α-B、石墨、α-O_2[26] 作为反应物。如图 6-4 所示，在零压

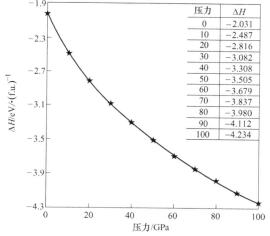

压力	ΔH
0	−2.031
10	−2.487
20	−2.816
30	−3.082
40	−3.308
50	−3.505
60	−3.679
70	−3.837
80	−3.980
90	−4.112
100	−4.234

图 6-4　计算 $B_6C_4O_2$ 形成焓与压力之间的关系

下，$B_6C_4O_2$ 形成焓为负值，证明了其热力学稳定性。同时，形成焓随着压力升高而逐步降低，这也说明以 α-B、石墨、α-O_2 做反应物时，压力是有利于 $B_6C_4O_2$ 合成的。

6.5　力学性质

6.5.1　状态方程

用 Birch-Murnaghan 状态方程[27]拟合 4 种 $B_xC_yO_z$（B_4CO_4、$B_6C_2O_5$、B_2CO_2 和 $B_6C_4O_2$）的体积-压力数据，拟合公式见式（2-3）。各参数物理含义参考第 2 章力学性质部分介绍。详细的体积-压力计算值和拟合结果如图 6-5 所示。通过拟合所得 B_0（GPa）、B_0' 和 V_0（Å³）的结果见表 6-1。

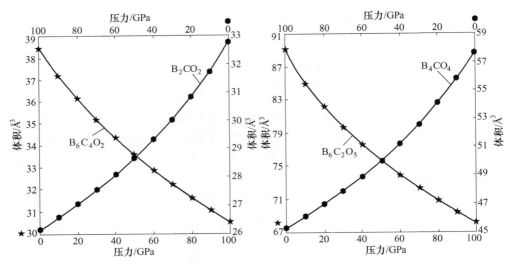

图 6-5　4 种 $B_xC_yO_z$ 结构每分子式体积与压力之间的关系图

（图中散列几何图案代表计算值而实线代表拟合曲线）

基于弹性参数计算了 4 种 $B_xC_yO_z$ 结构零压下的体积模量和剪切模量，结果见表 6-1。计算所得体积模量值与拟合体积-压力曲线所得值非常吻合，这证实了本研究计算的准确性和真实性。4 种 $B_xC_yO_z$ 结构均具有较高的抗体积压缩能力，其中 B_2CO_2 具有最强的抗体积压缩能力（20.20%/100GPa），而 $B_6C_2O_5$ 具有"最弱"的抗体积压缩能力（23.61%/100GPa）。

6.5.2　力学模量与硬度

随后通过公式（4-3）和（4-5）计算了 4 种 $B_xC_yO_z$ 结构杨氏模量 E、泊松比

ν 以及各向异性通用指数 Au，结果见表 6-1。作为固态物质的一个基本物理属性，基于中科院沈阳金属所陈星秋教授提出的硬度经验公式[28]，如公式（6-3），计算了 4 种 $B_xC_yO_z$ 结构的理论硬度。

$$HV = 2(\kappa^2 G)^{0.585} - 3; \quad \kappa = G/B \qquad (6-3)$$

结果表明，$B_6C_4O_2$ 确实是一类硬质材料，其硬度高达 21.9GPa。计算发现含碳量最高的全 4 配位环境的 $B_6C_4O_2$ 有着最小的剪切模量，进而导致杨氏模量和硬度都最小。而另外三种非全 4 配位环境的 $B_xC_yO_z$ 结构则有着明显更高的硬度和更低的泊松比。这有可能是 $B_6C_4O_2$ 具有区别于其他三种 $B_xC_yO_z$ 结构的特有性质导致的。

表 6-1　四种 $B_xC_yO_z$ 的力学性质数据表

结构类型	B_0/GPa	V_0/Å^3·(f.u.)$^{-1}$	B_0'	B/GPa	G/GPa	E/GPa	ν	Au	HV/GPa
B_4CO_4	265.1	57.8	3.609	274.3	235.8	549.8	0.166	0.458	37.9
$B_6C_2O_5$	218.5	88.9	4.094	220.3	197.2	455.6	0.155	0.602	35.7
B_2CO_2	289.7	32.7	3.793	288.9	246.5	575.8	0.168	0.290	38.6
$B_6C_4O_2$	288.9	38.4	3.605	288.6	183.9	455.0	0.237	0.252	21.9

注：EOS 拟合数据（B_0, V_0, B_0'），力学模量（B, G, E），HV 为硬度，ν 为泊松比，Au 为通用各向异性指数。

6.5.3 应力应变

鉴于 B_4CO_4 和 $B_6C_4O_2$ 是 4 种非金刚石等电子体系列 B-C-O 化合物 $B_xC_yO_z$ 中对称性较高的结构，可以用特定应变下应力变化的方法[29~33]来模拟 B_4CO_4 和 $B_6C_4O_2$ 的拉伸过程，以期获取其应力-应变关系，探究其结构失效机理。图 6-6 给出了 B_4CO_4 和 $B_6C_4O_2$ 在几种主要对称结晶方向拉伸应变下的应变-应力关系计算结果。对于 B_4CO_4 而言，[001]、[011]、[100]、[110] 和 [111] 方向的理想拉伸强度分别为 32.2GPa、29.5GPa、42.6GPa、47.1GPa 和 35.0GPa。B_4CO_4 的最小拉伸发生在 [011] 拉伸方向，为 29.5GPa，明显低于金刚石（82.3GPa）[26,34] 和 cBN（55.3GPa）[35,36]。此外，B_4CO_4 沿主晶向[110]的最大抗拉强度仅为 47.1GPa，说明 B_4CO_4 的抗拉能力较弱，在相对较小的拉伸应力下有断裂的趋势。对于 $B_6C_4O_2$ 而言，这里主要研究了 [001] 和[100]两个方向上的拉伸应力应变关系，如图 6-6（b）所示，可以发现其最大拉伸强度 133.0GPa 和拉伸应变 0.45 均出现在 [001] 方向，而 [100] 方向则仅有 71.7GPa 的最大拉伸强度和 0.25 的拉伸应变。对比 B_4CO_4 和 $B_6C_4O_2$，发现 sp^3 杂化形成的致密型结构 $B_6C_4O_2$ 比非致密型 B_4CO_4 结构有着明显较高的拉伸强度和拉伸应变。

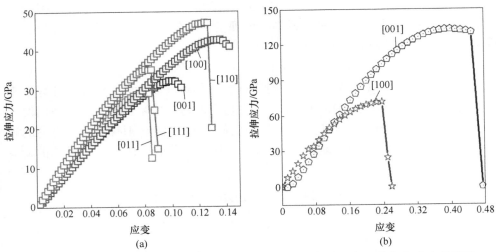

图 6-6　计算所得 B_4CO_4（a）[7] 和 $B_6C_4O_2$（b）在特定拉伸方向上的应力-应变关系图

6.5.4　各向异性

　　有关 B_4CO_4、$B_6C_2O_5$、B_2CO_2 等结构的力学性质及其各向异性也已被乔丽萍和郑宝兵等人系统研究[7,37]。特定三维方向上的杨氏模量值可以通过原点到三维形貌图表面的距离值来量化。对于理想的各向同性材料，这种三维形貌图外形上是规则的球形。而从图 6-7 和图 6-8 可以看出 B_4CO_4 和 $B_6C_4O_2$ 存在明显的杨氏模量各向异性。

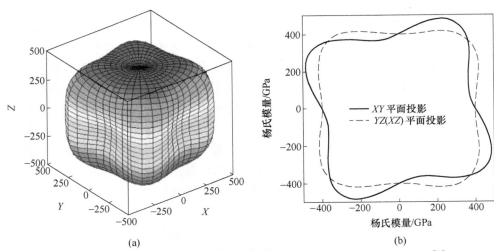

图 6-7　B_4CO_4 杨氏模量指向性（a）和其在 XY、YZ、XZ 平面投影（b）[7]

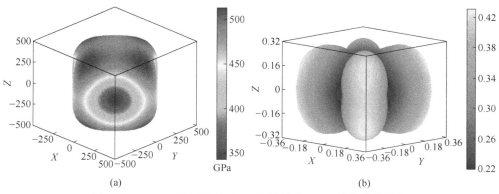

图 6-8　$B_6C_4O_2$ 杨氏模量（a）和泊松比（b）的方向依赖性

6.5.4.1　B_4CO_4 各向异性

不同特定平面内拉伸方向对应的杨氏模量表达式可以通过第 5.5.3 节各向异性有关杨氏模量式（5-3）～式（5-5）进一步简化，其中特定平面如（0 0 1）、（1 0 0）和（1 $\bar{1}$ 0）的杨氏模量解析表达式见表 6-2，其中 τ 代表拉伸平面的主晶向与拉伸应力之间的夹角。B_4CO_4 沿着（0 0 1）、（1 0 0）和（1 $\bar{1}$ 0）等特定平面内拉伸方向的杨氏模量 E 方向依赖性如图 6-9（a）所示。结合图 6-7 和图 6-9 可知，B_4CO_4 杨氏模量沿常见晶体方向存在着 $E_{[010]} < E_{[001]} < E_{[011]} < E_{[110]} < E_{[111]}$ 的序列关系，其中 B_4CO_4 杨氏模量最大值出现在 [1 1 1] 方向，这也和 B_4CO_4 结构中共价键强度高的 B—C 主要分布在 [1 1 1] 方向一致。

$B_6C_4O_2$ 沿着（0 0 1）、（1 0 0）和（1 $\bar{1}$ 0）等特定平面内拉伸方向的杨氏模量 E 方向依赖性如图 6-10（a）所示。结合图 6-8（a）和图 6-10 所示，可以清晰发现 $B_6C_4O_2$ 最大的杨氏模量出现在拉伸轴沿着 [0 1 1] 方向，此时杨氏模量高达 513 GPa，而杨氏模量最小值出现在 [1 1 0] 方向，最小值为 342 GPa。从图 6-8（a）中还可以推导出 $B_6C_4O_2$ 结构中杨氏模量沿着特定拉伸方向的规律：$E_{[110]} < E_{[100]} < E_{[001]} < E_{[111]} < E_{[011]}$。

表 6-2　拉伸轴沿特定平面内的杨氏模量表达式

特定平面	$1/E$	定向角 τ
（0 0 1）	$S_{11} - 0.25(2S_{11} - 2S_{12} - S_{66})\sin^2 2\tau$	$[h\,k\,0] \sim [1\,0\,0]$
（1 0 0）	$S_{11}\sin^4\tau + S_{33}\cos^4\tau + 0.25(2S_{13} + S_{44})\sin^2 2\tau$	$[0\,k\,l] \sim [0\,0\,1]$
（1 $\bar{1}$ 0）	$0.25(2S_{11} + 2S_{12} + S_{66})\sin^4\tau + S_{33}\cos^4\tau + 0.25(2S_{13} + S_{44})\sin^2 2\tau$	$[h\,k\,l] \sim [0\,0\,1]$

　　图 6-8（b）中展示的是 $B_6C_4O_2$ 泊松比 ν 的指向依赖性关系。从图 6-8（b）中可以看出，$B_6C_4O_2$ 结构中泊松比最小值为 0.233，出现在 [１００] 方向，在 [００１] 方向出现的泊松比为 0.233，而在 [１１０] 方向上却有着非常大的泊松比值，其值明显高于 0.333（一个材料脆性和韧性的临界值）。这也形象地描绘了 $B_6C_4O_2$ 的各向异性：沿着 [１１０] 呈现一定的延展性而沿着 [１００] 和 [００１]方向则具有脆性。

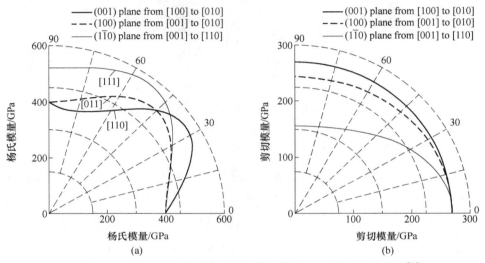

图 6-9　B_4CO_4 杨氏模量（a）和剪切模量（b）的指向依赖性[7]

　　接下来研究剪切模量的各向异性关系，对于给定的剪切面，第 5.5.3 节各向异性有关剪切模量公式（5-6）可以基于剪切应力方向和特定晶体方向间的定向夹角 τ 进行简化。表 6-3 中列出了沿着（００１）、（１００）和（１$\bar{1}$０）等特定剪切面内剪切模量的简化表达式。B_4CO_4 在（００１）、（１００）和（１$\bar{1}$０）剪切平面上剪切模量的方向依赖关系如图 6-9（b）所示。（００１）基平面内的剪切模量与方向角 τ 无关，这是由于（００１）基面的剪切模量为 $G_{(001)} = S_{44}^{-1} = C_{44} = 269\text{GPa}$。另一方面，（１００）和（１$\bar{1}$０）基底平面内的剪切模量随着取向角 τ 的增大而逐渐减小。

表 6-3　剪切方向沿特定剪切面内的剪切模量表达式

剪切面	$1/G$	定向角 τ
（００１）	S_{44}	$[uvw]\ \sim\ [100]$
（１００）	$S_{66} + (S_{44} - S_{66})\cos^2\tau$	$[uvw]\ \sim\ [001]$
（１$\bar{1}$０）	$2(S_{11} - S_{12})\sin^2\tau + S_{44}\cos^2\tau$	$[uvw]\ \sim\ [001]$

6.5.4.2 $B_6C_4O_2$ 各向异性

$B_6C_4O_2$ 结构的剪切模量指向性依赖关系如图 6-10（b）所示，图中仅列出（001）、（100）和（1$\bar{1}$0）三个特定剪切面。显而易见，以（001）为剪切面的剪切模量不受定向角度 τ 的影响，这是因为以（001）为剪切面的剪切模量 $G_{(001)} = S_{44}^{-1} = C_{44} = 219.1\text{GPa}$，其剪切模量是一个固定值且也为 $B_6C_4O_2$ 结构剪切模量的最大值。此外，（001）剪切面、[001] 剪切应力方向与（1$\bar{1}$0）剪切面、[001] 剪切应力方向都具有最大的剪切模量。同时，$B_6C_4O_2$ 中以（100）和（1$\bar{1}$0）为剪切面的剪切模量均随着定向角 τ 增大而逐渐减小，其中最下剪切模量出现在以（100）为剪切面、[010] 为剪切应力方向的剪切模式下。

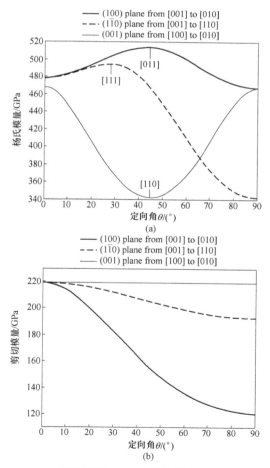

图 6-10 $B_6C_4O_2$ 杨氏模量（a）和剪切模量（b）的指向依赖性

6.5.4.3 低对称性结构各向异性

对于对称性低的 $B_6C_2O_5$ 和 B_2CO_2，乔等人基于 ELAM 程序[38]研究了它们的杨氏模量和剪切模量在不同压力条件下的各向异性[37]。

通过研究发现，B_2CO_2 和 $B_6C_2O_5$ 的剪切模量和杨氏模量呈现不同程度的各向异性，随着压力从 0GPa 增加到 20GPa，剪切模量和杨氏模量 B_2CO_2 和 $B_6C_2O_5$ 的各向异性均增大。同样，在常压下，$B_6C_2O_5$ 三维杨氏模量表面的压痕不明显。此外详细研究还揭示了 B_2CO_2 的剪切模量最大值随压力增大而增大，而 B_2CO_2 的剪切模量最小值随压力先增大后减小，使得 B_2CO_2 在剪切模量中的各向异性越来越大。$B_6C_2O_5$ 的剪切模量各向异性先减小后增大。

6.6 电学性质

6.6.1 常压下电学性质

首先基于局域密度近似下的交换关联泛函对 4 种 $B_xC_yO_z$ 化合物结构在常压下的电子能带结构进行研究，如图 6-11 所示。通过图 6-11，可以判断 B_4CO_4、$B_6C_2O_5$ 和 B_2CO_2 都属于间接带隙半导体，其中 B_4CO_4 禁带宽度达 5.341eV，与王胜男等人报道的 5.30eV 非常接近[6]，而 $B_6C_2O_5$ 和 B_2CO_2 带隙分别为 3.930eV 和 4.655eV，这与乔等人的报道相近[37]。而在 $B_6C_4O_2$ 的电子结构能带图中存在价带穿越费米能级的现象，预示着 $B_6C_4O_2$ 具有一定程度的导电性。

考虑到 LDA 算法低估带隙[39,40]，可能导致对 4 种 $B_xC_yO_z$ 具体带隙判断不准，进而影响对其导电与否的判断，这里进一步考虑用更为精确但是更为费事的杂化泛函 HSE06 进行相关计算[40,41]。如图 6-12 所示，B_4CO_4、$B_6C_2O_5$ 和 B_2CO_2 都属于间接带隙半导体，其带隙分别为 7.105eV、5.643eV 和 6.113eV，这表明三者皆为宽带隙的半导体材料。而 $B_6C_4O_2$ 中存在着明显的多能带穿越费米能级的现象，进一步证明了其导电性。

6.6.2 导电性分析

材料的导电性形式多样，如石墨具有二维导电性，而典型的金属材料具有三维导电性。这里计算了 $B_6C_4O_2$ 中各类原子的分态密度，如图 6-13 所示。通过分态密度图可以判断，在 $B_6C_4O_2$ 中 B、C 和 O 原子的分态密度均穿越费米能级，表明 3 种元素原子均贡献了一定程度的导电性，结合结构图可以认定 $B_6C_4O_2$ 具有三维导电性。其中对导电性贡献最大和贡献最小的分别为 O 的 p 轨道电子和 s 轨道电子。

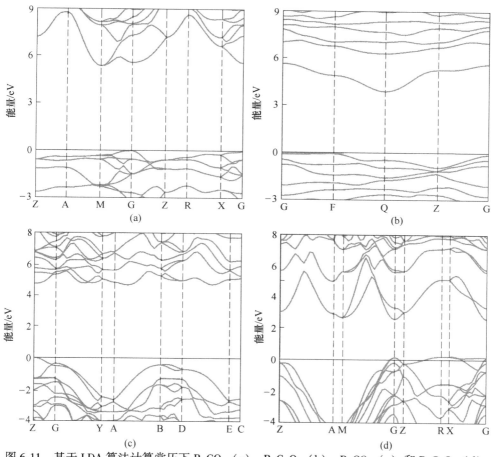

图 6-11 基于 LDA 算法计算常压下 B_4CO_4（a）、$B_6C_2O_5$（b）、B_2CO_2（c）和 $B_6C_4O_2$（d）的电子能带结构和分波态密度图（费米能级以水平实线表示）

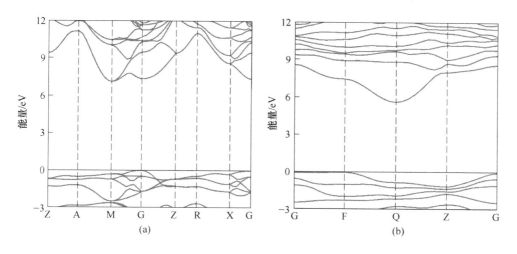

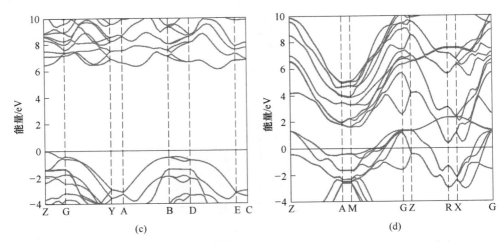

图 6-12　基于 HSE06 算法计算常压下 B_4CO_4（a）、$B_6C_2O_5$（b）、B_2CO_2（c）
和 $B_6C_4O_2$（d）的电子能带结构和分波态密度图（费米能级以水平实线表示）

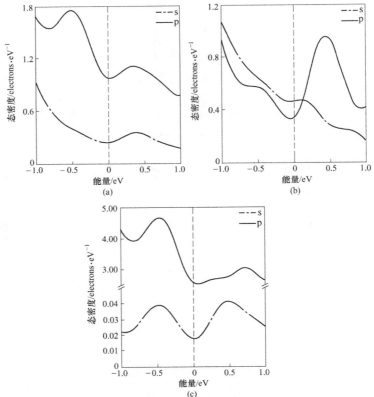

图 6-13　常压下 $B_6C_4O_2$ 的分波态密度图
（费米能级以竖直虚线表示）
（a）B；（b）C；（c）O

6.6.3 高压对电学性质的影响

随后基于 LDA 算法，研究了高压作用下这 4 种 $B_xC_yO_z$ 化合物的电学性质变化情况，如图 6-14 所示。$B_6C_4O_2$ 在 0~100GPa 压力范围内，均保持着导电性，也即为带隙始终为零，故图 6-14 中未列出。B_4CO_4 在整个压力范围内，带隙几乎不变（最高带隙值和最低带隙值相差仅 0.061eV，变化幅度不超过 1.14%），说明 B_4CO_4 的电学性质有着良好的环境独立性。至于 B_2CO_2，在 0~10GPa 时随着压力升高带隙增加 0.04eV，随后带隙值随着压力升高而逐步降低，直到 100GPa 时带隙下降幅度达 0.192eV。至于 $B_6C_2O_5$，在 0~10GPa 范围内，带隙随压力明显升高，升高 0.317eV/10GPa，而压力进一步升高时，带隙值缓慢增大，增幅为 0.081eV/90GPa。

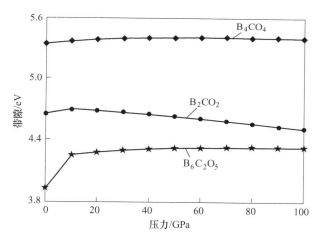

图 6-14　B_4CO_4、$B_6C_2O_5$ 和 B_2CO_2 的带隙随压力变化关系图

6.7　热力学性质

6.7.1　零点振动能

众所周知，振动是一种运动形式，对应着一定的振动能。温度越高，振动能越强，反之亦然。然而根据量子力学的不确定性——海森堡测不准原理，物质在绝对零度下仍会保持振动的属性，即为零点振动，对应的能量即为零点振动能 E_{zp}。零点振动的幅度除受温度影响外还受到质量影响：质量增大，振动幅度减弱，反之亦然。因此轻元素构成的物质，其零点振动能对能量的贡献较为明显。

基于声子振动的详细研究，可以计算材料的零点振动能 E_{zp}，如式（2-7）所示。鉴于 B_4CO_4、$B_6C_2O_5$、B_2CO_2 和 $B_6C_4O_2$ 的结构模型含分子式分别为 2 倍、

1 倍、4 倍和 0.5 倍，计算所得 4 种非金刚石等电子体 B-C-O 化合物对应的每分子式零点振动能 E_{zp} 分别为 1.216eV、1.743eV、0.686eV 和 1.493eV。不同于 B_2CO 化合物单分子式 E_{zp}，上述 4 种非金刚石等电子体 B-C-O 化合物的每分子式零点振动能 E_{zp} 彼此各不相同，且均比 B_2CO 的大，同时随着分子式质量的增大而增大。

6.7.2　热力学物理量

科研人员通过研究声子振动效应，提出了评估温度对热力学性质（如焓 H、熵 S、吉布斯自由能 G、晶格热容 C_V 等）贡献度的算法[42]，具体公式见 2.7 节热力学性质部分公式（2-6）~（2-10）。基于此，可以获取热力学性质如焓 H、熵 S、吉布斯自由能 G、晶格热容（简称 C_V）与温度 T 之间的关系，进而了解材料在非 0K 下的热力学性质。

这里研究了 0~2000K 温度范围内，B_4CO_4、$B_6C_2O_5$、B_2CO_2 和 $B_6C_4O_2$ 的热力学物理量如吉布斯自由能 G、熵 S、焓 H 与温度 T 之间的关系，如图 6-15 所示。为了能对理论计算的能量值进行直观比较分析，采用 $S \times T$ 的形式给出其能量形式。经过数据分析发现，相同温度下 4 种非金刚石等电子体 B-C-O 化合物的熵值近乎呈现 18：13：20：6 的复杂比例关系，这主要受其结构模型中所含分子式倍数和分子式原子比例共同影响。在 0~2000K 温度范围内，它们的熵增也是受结构模型体量的影响，体量越大，熵增越大。

研究 B_4CO_4、$B_6C_2O_5$、B_2CO_2 和 $B_6C_4O_2$ 各自的吉布斯自由能 G、熵 S、焓 H、温度 T 之间的关系，发现四者结构的热力学物理量在任何温度下均满足 $G = H - T \times S$，这也与热力学关系吻合。同时发现在高温下，四者的分子式吉布斯自由能存在 $B_2CO_2 < B_4CO_4 < B_6C_4O_2 < B_6C_2O_5$，如在 2000K 高温下，4 种非金刚石等电子体的分子式吉布斯自由能分别为 -4.536eV、-6.671eV、-2.485eV 和 -6.527eV。

6.7.3　热容与德拜温度

鉴于声子振动对热容也存在着巨大的影响，热容与温度的关系可通过式 (2-10) 计算。基于声子振动的研究，计算了 0~2000K 温度范围内，B_4CO_4、$B_6C_2O_5$、B_2CO_2 和 $B_6C_4O_2$ 四者热容 C_V 与温度 T 之间的关系，如图 6-16（a）所示。

根据 20 世纪发现的两个有关晶体热容的经验定律：杜隆-珀替定律和柯普定律，前者表明恒定压力下元素的原子热容与温度无关，为 $3R$（$R = 8.314$ J/(mol·K)），后者揭示化合物的分子热容等价于构成此化合物各元素原子热容之和。其中大部分元素的原子热容都接近 $3R$，特别是在高温时符合得更好。

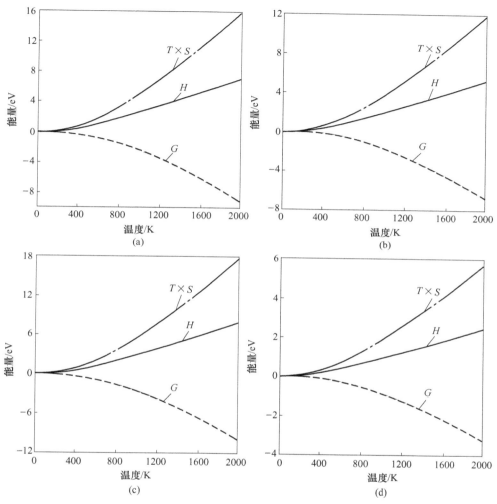

图 6-15 B_4CO_4（a）、$B_6C_2O_5$（b）、B_2CO_2（c）和 $B_6C_4O_2$（d）
的吉布斯自由能 G、熵 S、焓 H 与温度 T 之间的关系

从图 6-16（a）可以看出低温时，4 种非金刚石等电子体 B-C-O 化合物的晶格热容都非恒量，在接近绝对零度时，四者热容均按 T^3 的规律趋近于零。

而高温时，4 种非金刚石等电子体 B-C-O 化合物的晶格热容均趋向于恒量化。由于 B_4CO_4、$B_6C_2O_5$、B_2CO_2 和 $B_6C_4O_2$ 四者结构模型中分别含有 2 倍、1 倍、4 倍和 0.5 倍对应 B-C-O 分子式，因此四者的 1cal/（cell·K）分别对应着 2.102 J/（mol·K）、4.204J/（mol·K）、1.051J/（mol·K）和 8.408J/（mol·K）。据此可知，B_4CO_4、$B_6C_2O_5$、B_2CO_2 和 $B_6C_4O_2$ 的高温热容恒量分别为 219.873J/（mol·K）、317.580J/（mol·K）、122.084J/（mol·K）和 294.117 J/（mol·K），分别趋近于

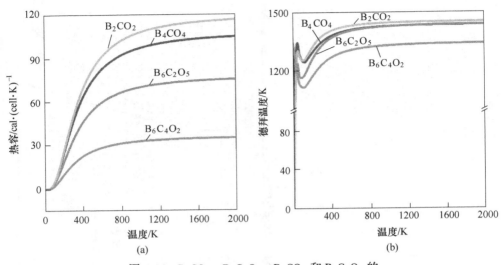

图 6-16 B_4CO_4、$B_6C_2O_5$、B_2CO_2 和 $B_6C_4O_2$ 的
热容 C_V（a）和德拜温度 θ_D（b）与温度 T 之间的关系

$27R$、$39R$、$15R$ 和 $36R$，吻合了热力学中元素的热容定律和化合物的热容定律。

同时基于 Ashcroft 和 Mermin 提出的德拜模型热容[43]，如公式（3-3），建立了德拜温度与温度之间的关系，据此可求出给定温度（如室温）下的德拜温度。首先研究了 0~2000K 温度范围内，4 种非金刚石等电子体B-C-O化合物的德拜温度 θ_D 与温度 T 之间的关系，如图6-16（b）所示。可以看出，低温范围内德拜温度随温度剧增，随后会出现一个先降后升的过程，在随温度升高而增大的过程中存在明显的两个阶段：（1）室温附近的快速增大；（2）高温附近的缓慢增加至趋近于一个固定值。

室温是材料应用中一个典型的温度，故分析了 B_4CO_4、$B_6C_2O_5$、B_2CO_2 和 $B_6C_4O_2$ 四者室温条件下的德拜温度，分别为 1347K、1328K、1375K 和 1232K。此外四种非金刚石等电子体B-C-O化合物在高温下的德拜温度均存在恒量化的趋势。其中，B_4CO_4、$B_6C_2O_5$ 和 B_2CO_2 的德拜温度高温恒量值相近，分别为 1433K、1434K 和 1448K，较 $B_6C_4O_2$ 的德拜温度高温恒量值（1338K）高。

6.8 本章小结

通过第一性原理研究，提出了一种新型非金刚石等电子体的B-C-O化合物：四方晶系的 $B_6C_4O_2$。与 B_4CO_4、B_2CO_2、$B_6C_2O_5$ 3 种已知非金刚石等电子体B-C-O化合物一样，$B_6C_4O_2$ 结构的稳定性，如热力学稳定性、弹性力学稳定性和动力学稳定性分别被其形成焓、弹性常数和声子散射图谱证实。理论研究表明 4 种非金刚石等电子体B-C-O化合物均具有大的力学模量（B、G、E）和较高的硬度。

应变-应力关系研究表明，B_4CO_4 的主晶向最小拉伸强度和最大拉伸强度分别发生在 ［011］和 ［110］拉伸方向，分别为 29.5GPa 和 47.1GPa。$B_6C_4O_2$ 的主晶向最大拉伸强度（133.0GPa）和最小拉伸强度（71.7GPa）分别出现在 ［001］和 ［100］方向。对比 B_4CO_4 和 $B_6C_4O_2$，发现 sp^3 杂化形成的致密型结构 $B_6C_4O_2$ 比非致密型 B_4CO_4 结构有着明显较高的拉伸强度和拉伸应变。

在各向异性的研究中发现，$B_6C_4O_2$ 杨氏模量沿常见晶体方向存在 $E_{[110]}$ < $E_{[100]}$ < $E_{[001]}$ < $E_{[111]}$ < $E_{[011]}$。$B_6C_4O_2$ 泊松比的研究还表明沿 ［110］方向呈现出一定的延展性而沿 ［100］和 ［001］方向则展现出脆性。$B_6C_4O_2$ 剪切模量的各向异性表明最大剪切模量出现在 （001）面作为剪切面。剪切最弱处出现在 （100）面／［010］剪切应力方向。B_4CO_4 杨氏模量沿常见晶体方向存在着：$E_{[010]}$ < $E_{[001]}$ < $E_{[011]}$ < $E_{[110]}$ < $E_{[111]}$ 的序列关系，这也和 B_4CO_4 结构中共价键强度高的 B—C 主要分布在 ［111］方向一致。B_4CO_4 在 （100）和 （1$\bar{1}$0）基底平面内的剪切模量随着取向角 τ 的增大而逐渐减小，而在 （001）基平面保持不变。B_2CO_2 和 $B_6C_2O_5$ 的剪切模量和杨氏模量呈现不同程度的各向异性，随着压力均发生明显的变化。

热力学研究表明，4 种非金刚石等电子体B-C-O化合物在低温下晶格热容都非恒量，在接近绝对零度时，四者热容均按 T^3 的规律趋近于零，而高温下均满足 3NR 规律。它们的吉布斯自由能 G、熵 S、焓 H 和温度 T 在任何条件下均满足 $G=H-T×S$，这也与热力学关系吻合。此外，精确的电子能带结构的研究揭示了 $B_6C_4O_2$ 是一种典型的导电材料，而 B_4CO_4、$B_6C_2O_5$ 和 B_2CO_2 都属于间接带隙半导体，其带隙分别为 7.105eV、5.643eV 和 6.113eV。在 0~100GPa 压力范围内，$B_6C_4O_2$ 均保持着导电性，B_4CO_4 带隙几乎不变，B_2CO_2 带隙随着压力呈现先升高后降低的变化规律，而 $B_6C_2O_5$ 在 0~10GPa 范围内，带隙随压力明显升高，压力进一步升高时，带隙缓慢增大。

参 考 文 献

［1］ Garvie L A J, Hubert H, Petuskey W T, et al. High-pressure, high-temperature syntheses in the B-C-N-O System ［J］. J. Solid State Chem., 1997, 133: 365-371.

［2］ Hubert H, Garvie L A J, Devouard B, et al. MRS Proceedings, Cambridge Univ. Press, 1997, 315-320.

［3］ Bolotina N B, Dyuzheva T I, Bendeliani N. A. Atomic structure of boron suboxycarbide B(C, O)$_{0.155}$ ［J］. Crystallogr. Rep., 2001, 46: 734-740.

[4] Li Y, Li Q, Ma Y. B₂CO: A potential superhard material in the B-C-O system [J]. EPL (Europhysics Letters), 2011, 95: 66006.

[5] Zhang M, Yan H, Zheng B, et al. Influences of carbon concentration on crystal structures and ideal strengths of B_2C_xO compounds in the BCO system [J]. Sci. Rep-UK, 2015, 5: 15481.

[6] Wang S, Oganov A R, Qian G, et al. Novel superhard B-C-O phases predicted from first principles [J]. Phys. Chem. Chem. Phys., 2016, 18: 1859-1863.

[7] Zheng B, Zhang M, Wang C. Exploring the Mechanical Anisotropy and Ideal Strengths of Tetragonal B_4CO_4 [J]. Materials, 2017, 10: 128.

[8] Nuruzzaman M, Alam M A, Shah M A H, et al. Investigation of thermodynamic stability, mechanical and electronic properties of superhard tetragonal B_4CO_4 compound: Ab initio calculations [J]. Comput. Condens. Mat., 2017, 12: 1-8.

[9] Liu C, Zhao Z S, Luo K, et al. Superhard orthorhombic phase of B_2CO compound [J]. Diam. Relat. Mater., 2017, 73: 87-92.

[10] Qiao L, Jin Z, Yan G, et al. Density-functional-studying of oP8−, tI16−, and tP4−B_2CO physical properties under pressure [J]. J. Solid State Chem., 2019, 270: 642-650.

[11] Liu C, Chen M W, He J L, et al. Superhard B_2CO phases derived from carbon allotropes [J]. RSC Adv., 2017, 7: 52192-52199.

[12] Zhou S, Zhao J. Two-dimensional B-C-O alloys: a promising class of 2D materials for electronic devices [J]. Nanoscale, 2016, 8: 8910-8918.

[13] Wang Y C, Lv J A, Zhu L, et al. Crystal structure prediction via particle-swarm optimization [J]. Phys. Rev. B, 2010, 82: 094116.

[14] Wang Y C, Lv J, Zhu L, et al. CALYPSO: A method for crystal structure prediction [J]. Comput. Phys. Commun., 2012, 183: 2063-2070.

[15] Wang H, Wang Y C, Lv J, et al. CALYPSO structure prediction method and its wide application [J]. Comput. Mater. Sci., 2016, 112: 406-415.

[16] Clark S J, Segall M D, Pickard C J, et al. First principles methods using CASTEP [J]. Z. Krist. Cryst. Mater., 2005, 220: 567-570.

[17] Ceperley D M, Alder B J. Ground state of the electron gas by a stochastic method [J]. Phys. Rev. Lett., 1980, 45: 566-569.

[18] Perdew J P, Zunger A. Self-interaction correction to density-functional approximations for many-electron systems [J]. Phys. Rev. B, 1981, 23: 5048-5079.

[19] Vanderbilt D. Soft self-consistent pseudopotentials in a generalized eigenvalue formalism [J]. Phys. Rev. B, 1990, 41: 7892-7895.

[20] Hamann D, Schlüter M, Chiang C. Norm-conserving pseudopotentials [J]. Phys. Rev. Lett., 1979, 43: 1494-1497.

[21] Lin J S, Qteish A, Payne M Cx, et al. Optimized and transferable nonlocal separable ab initio pseudopotentials [J]. Phys. Rev. B, 1993, 47: 4174-4180.

[22] Monkhorst H J, Pack J D. Special points for Brillouin-zone integrations [J]. Phys. Rev. B,

1976, 13: 5188-5192.

[23] Setyawan W, Curtarolo S. High-throughput electronic band structure calculations: Challenges and tools [J]. Comput. Mater. Sci. , 2010, 49: 299-312.

[24] Montanari B, Harrison N. Lattice dynamics of TiO_2 rutile: influence of gradient corrections in density functional calculations [J]. Chem. Phys. Lett. , 2002, 364: 528-534.

[25] Mouhat F, Coudert F. Necessary and sufficient elastic stability conditions in various crystal systems [J]. Phys. Rev. B, 2014, 90: 224104.

[26] Freiman Y A, Jodl H. -J. Solid oxygen [J]. Phys. Rep. , 2004, 401: 1-228.

[27] Birch F. The effect of pressure upon the elastic parameters of isotropic solids, according to Murnaghan's theory of finite strain [J]. J. Appl. Phys. , 1938, 9: 279-288.

[28] Chen X Q, Niu H Y, Li D Z, et al. Modeling hardness of polycrystalline materials and bulk metallic glasses [J]. Intermetallics, 2011, 19: 1275-1281.

[29] Roundy D, Krenn C, Cohen M L, et al. Ideal shear strengths of fcc aluminum and copper [J]. Phys. Rev. Lett. , 1999, 82: 2713.

[30] Roundy D, Krenn C, Cohen M L, et al. The ideal strength of tungsten [J]. Philos. Mag. A, 2001, 81: 1725-1747.

[31] Karki B B, Ackland G J, Crain J. Elastic instabilities in crystals from ab initio stress-strain relations [J]. J. Phys. Condens. Matter, 1997, 9: 8579.

[32] Krenn C R, Roundy D, Morris J W, et al. Ideal strengths of bcc metals [J]. Mat. Sci. Eng. A, 2001, 319: 111-114.

[33] Zhang Y, Sun H, Chen C. Atomistic deformation modes in strong covalent solids [J]. Phys. Rev. Lett. , 2005, 94: 145505.

[34] Zhang R F, Lin Z J, Veprek S. Anisotropic ideal strengths of superhard monoclinic and tetragonal carbon and their electronic origin [J]. Phys. Rev. B, 2011, 83: 155452.

[35] Togo A, Oba F, Tanaka I. First-principles calculations of the ferroelastic transition between rutile-type and $CaCl_2$-type SiO_2 at high pressures [J]. Phys. Rev. B, 2008, 78: 134106.

[36] Zhang R F, Veprek S, Argon A S. Anisotropic ideal strengths and chemical bonding of wurtzite BN in comparison to zincblende BN [J]. Phys. Rev. B, 2008, 77: 172103.

[37] Qiao L, Jin Z. Two B-C-O Compounds: Structural, Mechanical Anisotropy and Electronic Properties under Pressure [J]. Materials, 2017, 10: 1413.

[38] Marmier A, Lethbridge Z A D, Walton R I, et al. ElAM: A computer program for the analysis and representation of anisotropic elastic properties [J]. Comput. Phys. Commun. , 2010, 181: 2102-2115.

[39] Yakovkin I N, Dowben P A. The problem of the band gap in LDA calculations [J]. Surf. Rev. Lett. , 2007, 14: 481-487.

[40] Broqvist P, Alkauskas A, Pasquarello A. Defect levels of dangling bonds in silicon and germanium through hybrid functionals [J]. Phys. Rev. B, 2008, 78: 075203.

[41] Krukau A V, Vydrov O A, Izmaylov A F, et al. Influence of the exchange screening parameter

on the performance of screened hybrid functionals [J]. J. Chem. Phys. , 2006, 125: 224106.

[42] Baroni S, de Gironcoli S, Dal Corso A, et al. Phonons and related crystal properties from density-functional perturbation theory [J]. Rev. Mod. Phys. , 2001, 73: 515-562.

[43] Ashcroft N W, Mermin N D. Solid State Physics (Saunders College, Philadelphia) [J]. Appendix N, 1976.